U0193077

科技史里看中国

明

高超技术造就海上霸主

王小甫◈主编

人民东方出版传媒
People's Oriental Publishing & Media
東方出版社
The Oriental Press

图书在版编目（CIP）数据

科技史里看中国 . 明 : 高超技术造就海上霸主 / 王小甫主编 . -- 北京 : 东方出版社 , 2024.3

ISBN 978-7-5207-3743-2

Ⅰ . ①科… Ⅱ . ①王… Ⅲ . ①科学技术—技术史—中国—少儿读物②航运—交通运输史—中国—明代—少儿读物 Ⅳ . ① N092-49 ② F552.9-49

中国国家版本馆 CIP 数据核字 (2023) 第 214193 号

科技史里看中国 明：高超技术造就海上霸主
（KEJISHI LI KAN ZHONGGUO MING: GAOCHAO JISHU ZAOJIU HAISHANG BAZHU）
王小甫 主编

策划编辑： 鲁艳芳　　**责任编辑：** 金　琪
出　　版： 東方出版社
发　　行： 人民东方出版传媒有限公司
地　　址： 北京市东城区朝阳门内大街166号　　**邮　　编：** 100010
印　　刷： 华睿林（天津）印刷有限公司　　**版　　次：** 2024年3月第1版
印　　次： 2024年3月北京第1次印刷　　**开　　本：** 787毫米 × 1092毫米　1/16
印　　张： 4.75　　**字　　数：** 66千字
书　　号： ISBN 978-7-5207-3743-2　　**定　　价：** 300.00元（全10册）
发行电话：（010）85924663　85924644　85924641

娜娜

四年级小学生，喜欢历史，充满好奇心。

旺旺

一只会说话的田园犬。

古人的生活可不枯燥。他们铸造了精美实用的青铜“冰箱”，纺织了薄如蝉翼的轻纱；他们面朝黄土，创造了农用机械，提高了劳作效率；他们仰望星空，发明了天文观测仪器，记录了日食、彗星；他们建造了雕梁画栋的建筑，烧制了美轮美奂的瓷器……这些科技成就影响了古人的生活，推动了中华文明的历史的进程，甚至传播到世界各地，促进了人类文明的进步。

中华民族历史悠久，每个时期都有重要的科技发展。我们一起去参观这些灿烂文明留下的痕迹吧，以朝代为序，由我来讲解不同时期的科技发展历史，让我们一起从科技史里看中国！

机器人洋洋

博物馆机器人，数据库里储存了很多历史知识。

目录

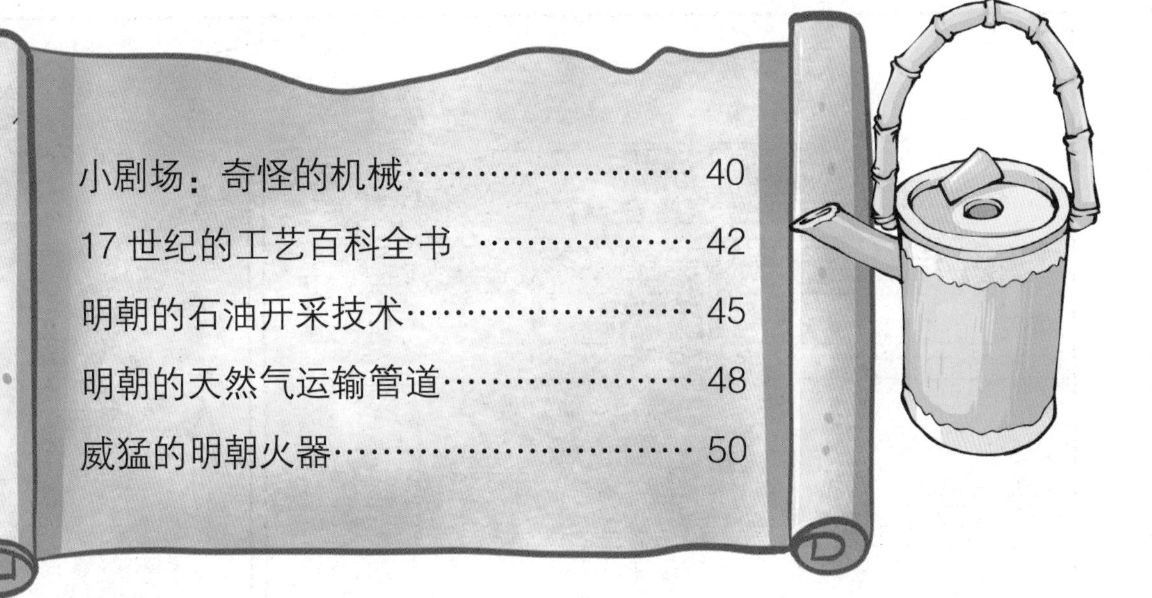

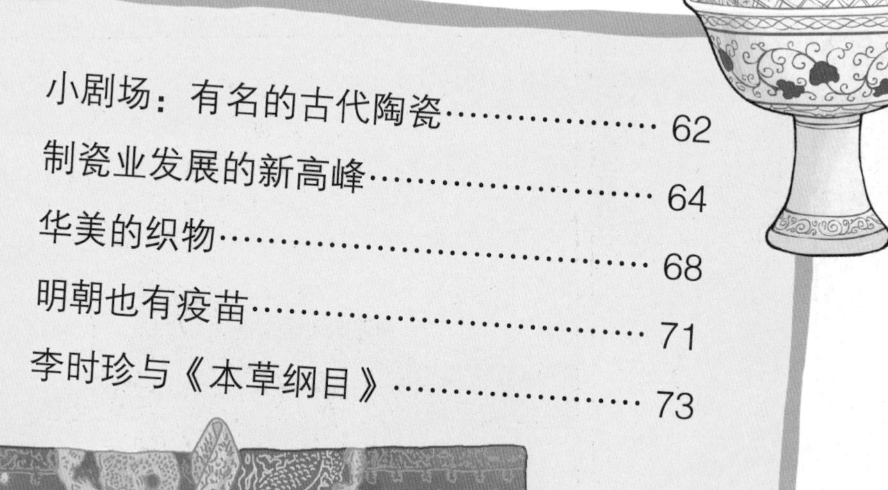

小剧场：北京故宫

又到了最爱的游学时间了。

北京故宫始建于 1406 年，到 1420 年才建成，是明清两朝的皇宫，也是世界上现存规模最大、保存最为完整的木质古建筑之一。
也就是修建于明朝初年。
真漂亮啊，我早就想来看一看了。

现在的故宫也是一座宏大的博物院，等下我们可以在里面看到很多展览。
咦?

这些地砖怎么凹凸不平啊?
时间太久了所以会破吧?
是啊，故宫建成到现在，已经使用超过600年了，中间经历了好几次大修。这些地砖，大部分都是清朝留下来的。

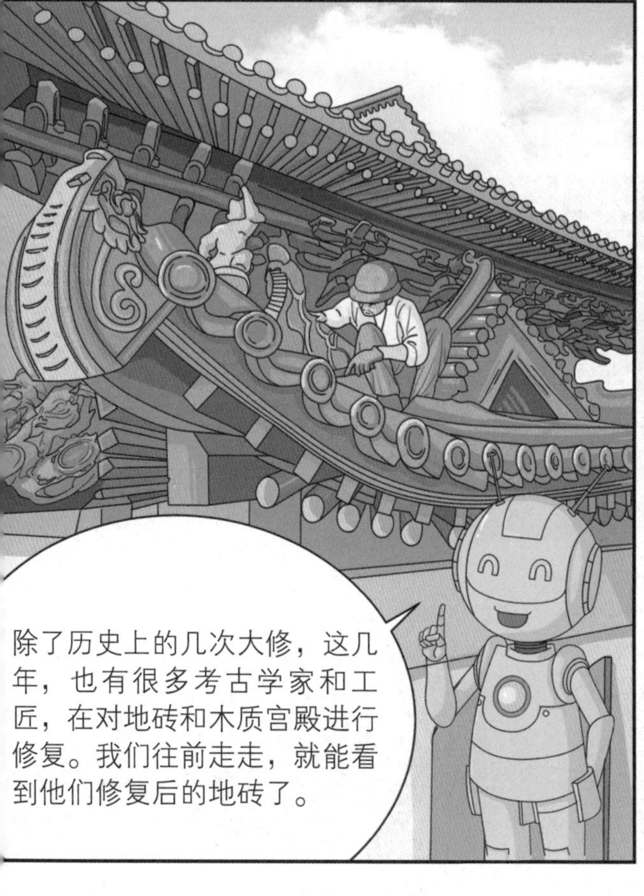
除了历史上的几次大修，这几年，也有很多考古学家和工匠，在对地砖和木质宫殿进行修复。我们往前走走，就能看到他们修复后的地砖了。

故宫能一直这么漂亮，多亏了这些工匠和考古学家啊。
没错，所有伟大建筑的背后，都有一群伟大的人。
咱们快去看看太和殿吧，参观完故宫，我再带你们去看看其他明朝建筑。
好!

紫禁城的诞生

明朝初期的都城是南京，后来燕王朱棣将都城迁到了自己曾经的属地北京。明王朝按照中国传统建筑的布局、等级、样式，在北京修建了新的皇宫和大量皇家建筑，这些建筑中最重要、知名度最高的就是北京故宫。

北京故宫又名紫禁城，这个名字来自古人“天人合一”的哲学信仰：古人认为，天上和人间的事物应该是对应的，人间皇帝是受命于天的“天子”，天帝居住在天上的紫微垣，所以人间的皇帝居住的宫殿，就该是地上的“紫宫”。由于皇宫所在区域代表着皇权，不允许一般人进入，所以人们才用“紫禁城”来称呼这个建筑群。

紫禁城

紫禁城是明清两朝的皇宫，建造格局参考了南京故宫，遵循传统的“前朝后市，左祖右社”布局，占地面积约 72 万平方米，有大小宫殿 70 多座，房屋 9000 多间。为了修建宫殿，大量工人进入深山开采楠木和巨石，并将其通过水路运送到宫中。建筑中使用的砖头，全部在苏州烧制。

紫禁城建好直到现在，已经经历了超过600年的岁月。这座伟大的建筑在这期间经历了多次灾难——1557年，宫城发生大火，前三殿、奉天门、文武楼、午门被焚毁，直到1561年才重修完毕。1597年，宫城前三殿、后三宫再次被焚毁，在1627年才再次重建完毕。在1679年，紫禁城第三次被毁，经过十余年备料，直到1695年才开始重建。所以我们今天看到的紫禁城建筑，绝大部分都是修建于清朝。尽管如此，紫禁城的宫城格局和部分建筑样式仍遵照了明故宫的制式，是中国古代宫殿建筑的伟大传世遗作。

紫禁城最核心的建筑当属三大殿。现在这三大殿的名字为太和殿、中和殿、保和殿，但在明嘉靖时期，它们的名字为皇极殿、中极殿、建极殿。虽然名字有变化，但建筑位置和大致样式仍是承袭明故宫。

明画轴《北京宫城图》局部临摹

《北京宫城图》作者为明代画家朱邦。画轴描绘了云雾中若隐若现的紫禁城，能看到明朝时华表、金水桥、奉天殿等建筑的样式。

南薰殿

南薰殿是紫禁城中为数不多的明朝建筑,殿内木构件及彩画十分珍贵。南薰殿是一个独立院落，但不对外开放。殿中收藏着大量帝王肖像画，每幅画轴用黄云缎夹套包裹，装入木色小匣，按阁之层次分别安放。西室放置着一个木柜，里面贮藏着明代帝后册宝。

南薰殿藻井

天花是遮蔽建筑内顶部的构件，而建筑内呈穹窿状的天花则称作“藻井”。南薰殿的藻井雕刻十分精美。

技术先进的明朝建筑

明朝将政治中心搬到北京后，不仅在这里修建了壮阔的紫禁城，还新建了许多大型建筑。

天坛始建于 1420 年，位于北京南部，是皇家祭祀场所，后来清乾隆、光绪时改建。天坛用坛墙隔开成内外坛，最北的围墙呈半圆形，最南的围墙呈方形，象征“天圆地方”；围墙北高南低，表示天高地低。天坛的主要建筑物都分布在内坛，由南至北，依次排列在一条直线上，它们分别是圜丘台、皇穹宇和祈年殿。

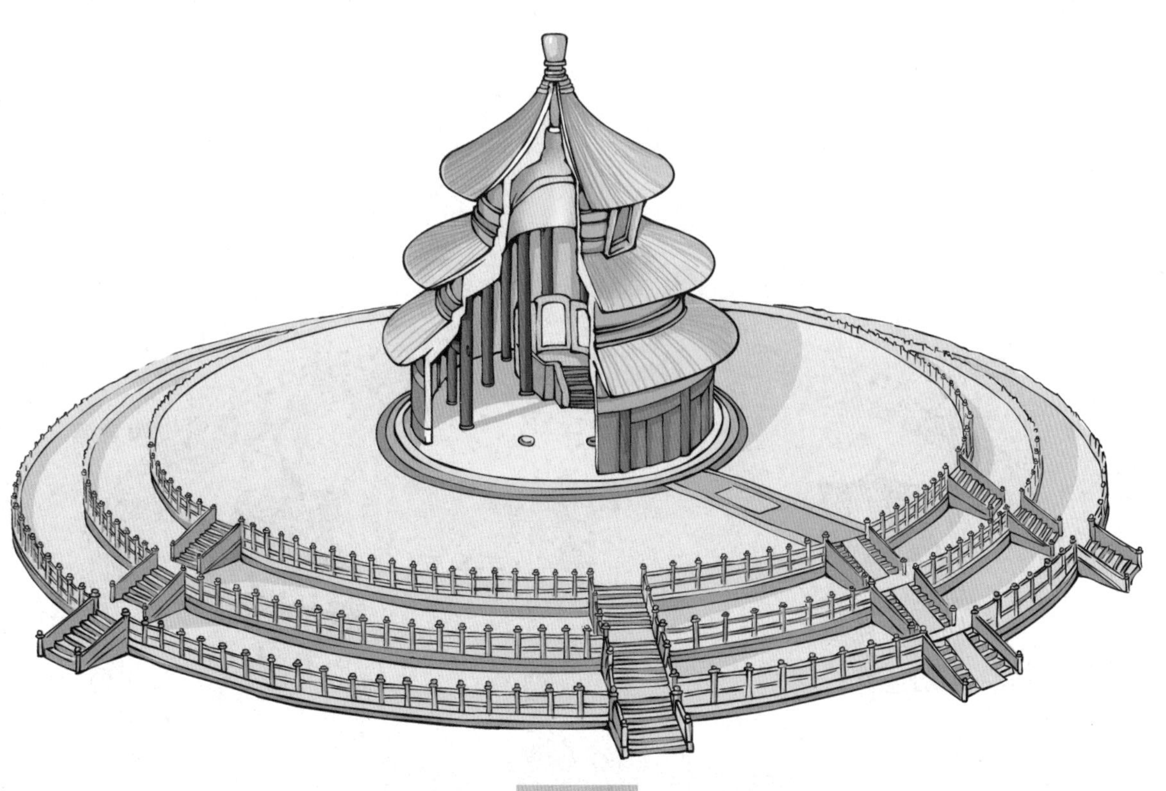

祈年殿

祈年殿是一座三层重檐的圆形大殿，采取上屋下坛的构造形式。三层殿顶均覆以深蓝色的琉璃瓦，呈放射状，逐渐收缩向上。祈年殿是全木结构建筑，28 根大柱支撑着整个殿顶的重量，中间 4 根支柱称通天柱。

如果置身于天坛公园中，你还会发现这里有一个奇妙的回音壁设计：回音壁是皇穹宇的围墙，它是按照一定的弧度建造的，墙面非常整齐光滑，当人在墙前特定位置说话，声音就会被墙面反射回来，汇聚到一点，就像一个天然的扩音器。

皇穹宇殿门外的轴线甬路上还有三块连在一起的石板，叫作三音石，这也是一个有趣的声学部件：站在第一块石头上拍掌，能听到 1 次回音；站在第二块石头上拍掌，能听到 2 次回音；站在第三块石头上拍掌，可以清晰地听到 3 次回音，故名三音石。这种独特的声学效果，也是利用了回音壁对声音的重复反射形成的——当发声和回声间隔时间小于或等于 1/10 秒时，我们会把这两种声音听成一个声音。而三音石到围墙的距离是 32.5 米，发声和回声的时间间隔约是 1/5 秒，所以人站在这里拍手，就能听到清晰的回声。

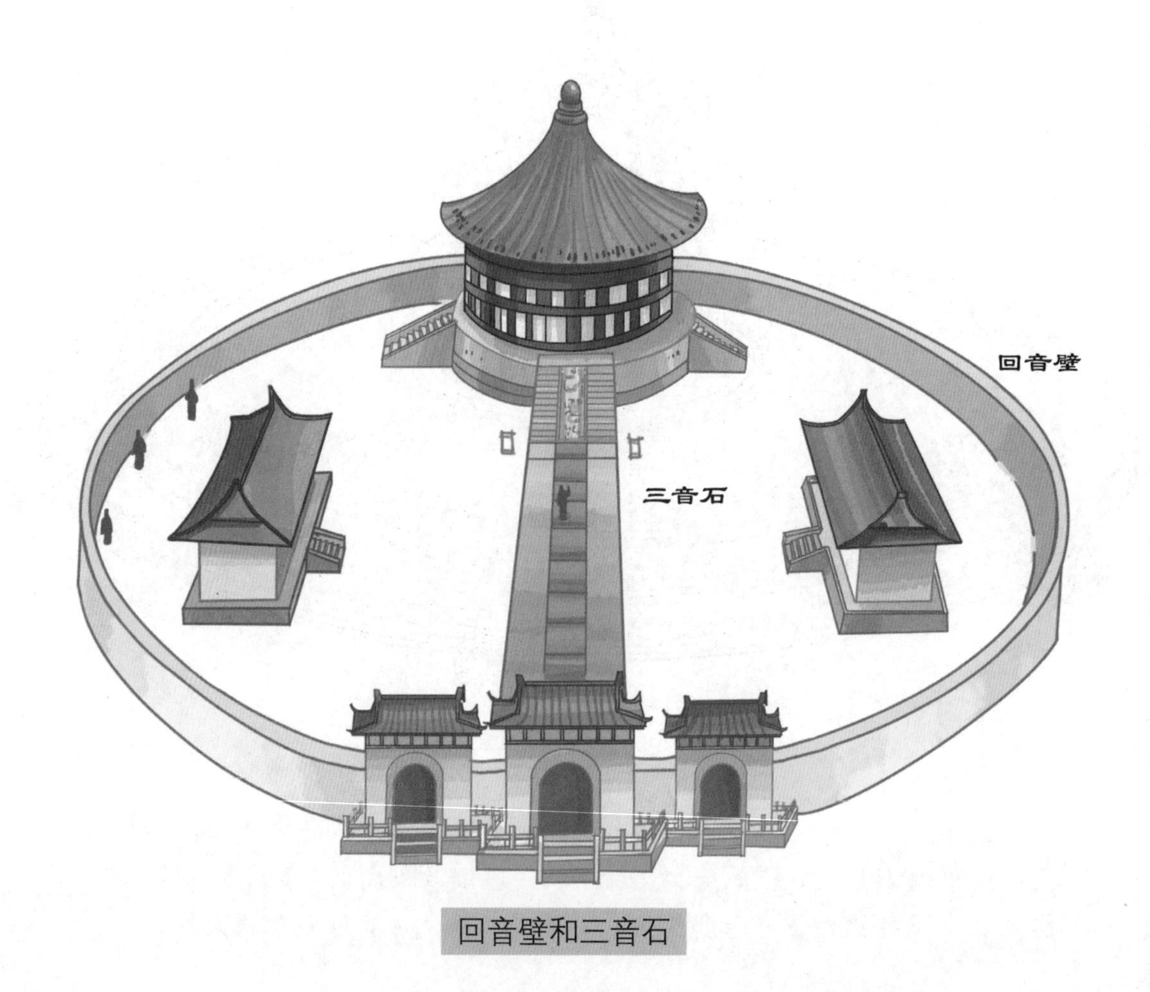

回音壁和三音石

北京古观象台建于1442年，是在元大都城墙的东南角楼旧址上修建的天文台，也是明清两代皇家天文台。观象台台顶南北长20.4米，东西长23.9米，台体高14米，用砖石建成，台上还陈列着8台建于清代的大型天文仪器。

1609年，伽利略发明了世界上第一台天文望远镜，这种仪器很快传入中国。明朝在1634年左右，根据伽利略的发明制作出中国第一台天文望远镜，并且把它命名为“筩（tǒng）”。

小知识

明朝时，中国和西方的交流已经很频繁，很多传教士将西方最新的科技产品带到中国。伽利略发明的天文望远镜也是在这一时期传入的。

北京古观象台

观象台是在元代司天台旧址上修建而来，在明朝时被称为观星台，清代时改称观象台。

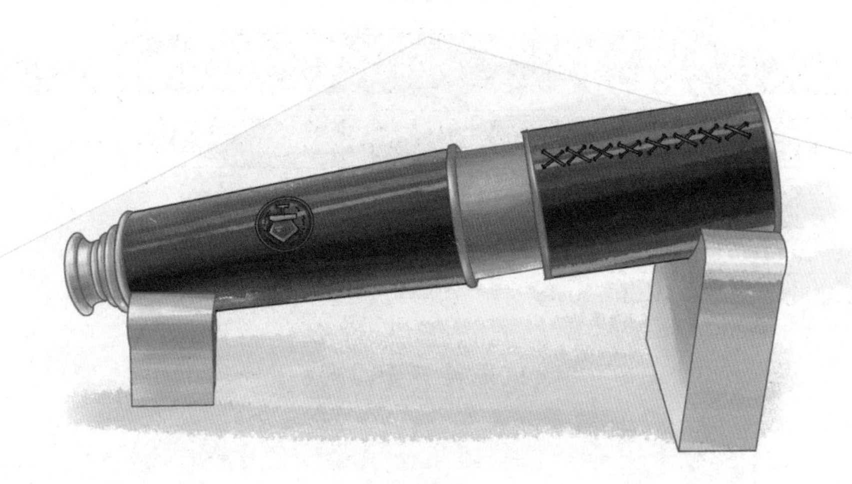

筩

在明代以前，人们修筑的宫殿和房子大多使用木材作为建筑材料，但长期的砍伐使森林资源到了明代已经匮乏，所以明朝不得不大量使用砖石建造房屋。建筑师们从传统门洞、桥梁的建筑结构中获取灵感，将拱券砌筑技术应用到了宫殿和民居之中，这就促生了一种新的建筑样式——无梁殿。

无梁殿内部结构

明朝能够建造跨度长达 10 米的大券，不需要梁柱把整座大殿支撑起来，足以证明明朝时拱券技术已相当成熟。

目前中国建造年代最早的无梁殿是位于南京的灵谷寺无梁殿，它始建于 1381 年。大殿用砖石堆砌，不用一根木材，也不使一点金属。这座大殿建成后已矗立了 600 多年，虽然几经战火、历经沧桑，但仍凭借一身坚固的砖石结构，完好地保存至今。

南京灵谷寺无梁殿

据说殿中曾供奉无量寿佛，因此也被称为无量殿。1931 年，无梁殿经过彻底修葺被改为公墓祭堂，名为“正气堂”。

北京皇史宬（chéng）是明朝的皇家档案馆，位于北京天安门东边的南池子大街，始建于1534年7月，历时2年竣工。皇史宬是北京最古老的拱券无梁殿建筑，其建筑材料和建筑结构既可防火，又能防潮，非常适合做仓库。在皇史宬里有许多被称为“金匮”的柜子，这些柜子全部用樟木做成，里面放着皇帝的圣训、玉牒、宫廷或民间的实录等珍贵资料。

北京皇史宬

北京皇史宬占地8460平方米，建筑面积3400平方米，是中国现存最完整的皇家档案库。

明朝无梁殿之所以能矗立数百年，除了设计科学之外，还在于建造技术的先进，以及建筑材料的讲究。明朝的砖种类繁多，有用黏土甚至高岭土烧制的白砖，质地坚硬、不透水，很多年都不会坏。除白砖外，还有各种青砖、黑砖，根据砖形又分为方砖、平身砖等，可以满足各种结构的建筑所需。工匠们在堆叠砖石时，还会用糯米汁、石灰等做成灰浆，填筑砖石之间的缝隙，使砖石黏合得更加紧密，大大增加建筑的稳定性。

明朝不仅在北京修建了壮美的皇宫和大量建筑，也曾在南京修建壮阔的城墙。南京明城墙不止一层，而是里里外外共有4层，分别包围宫城、皇城、京师城和外郭城。其中京师城城墙长达35.3千米，现仍完整保存25.1千米，是中国规模最大的城墙，也是世界第一大古代城垣。

南京的明代城墙始建于1366年，完工于1393年，历时长达27年。当时正值元末明初战乱期间，朱元璋有意在南京建都，于是调动全国人力、物力建设南京。据统计，南京城垣修建过程中共征用了28万名民工，使用了约3.5亿块砖头。砖和石料来自全国各地，每块砖还根据物勒工名的要求，刻有产地和工匠的名字。

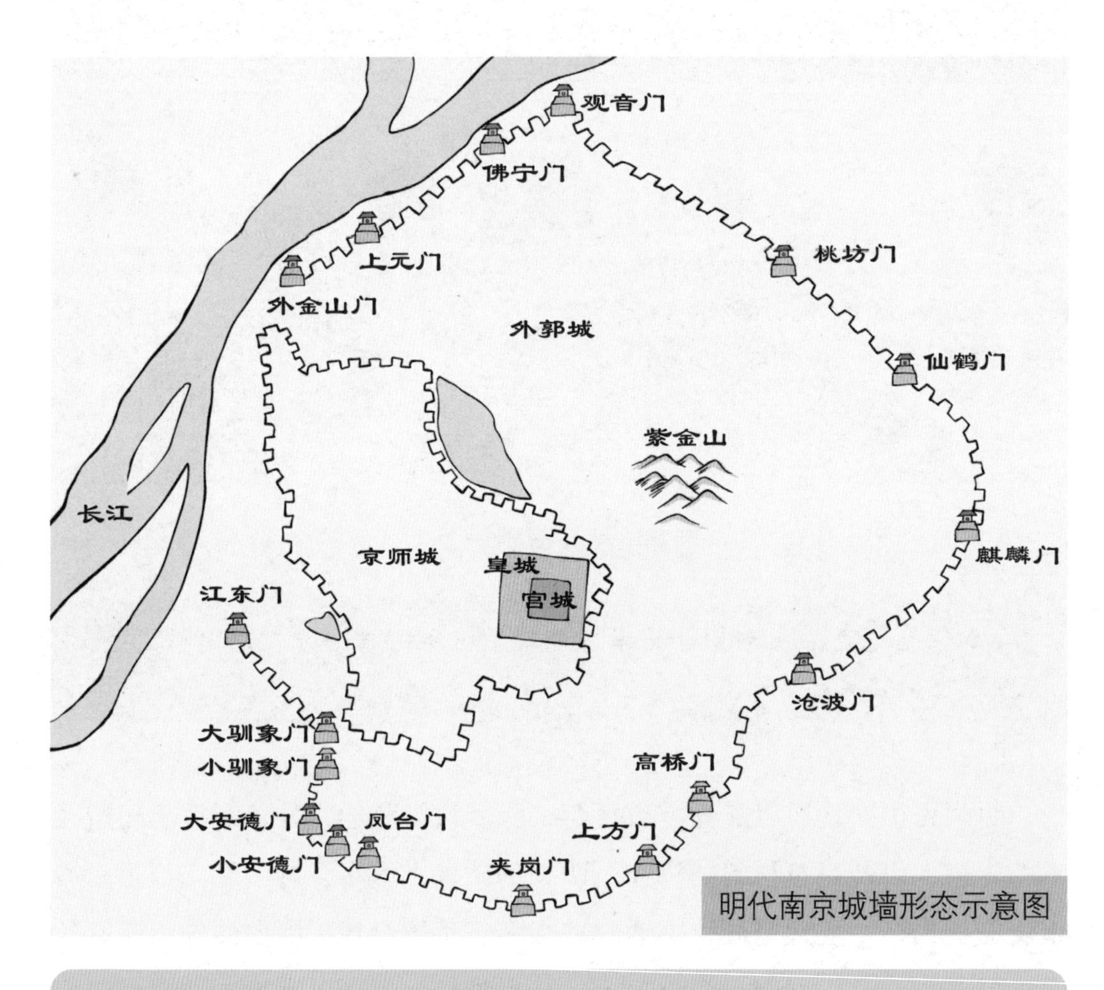

明代南京城墙形态示意图

明中期的意大利传教士利玛窦在《利玛窦中国札记》中记载：2个人在城墙上向相反方向骑马相对而行，花了一整天时间才重新相遇。南京城墙规模之大由此可以想见。

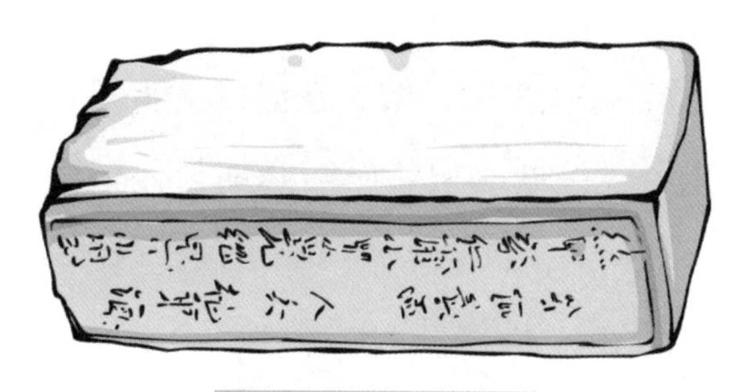

南京明城墙墙砖

小知识

为了确保城砖的烧造质量，朝廷要求各地府、州、县地方官员，军队卫、造砖人夫、烧砖窑匠等均须在砖上留下姓名，以便验收时，对不合格的城砖追究制砖人的责任。

南京明城墙不仅规模宏大，建筑技术也很先进。城墙的建造者根据工程的要求，采取了不同的科学处理方式：有的地段顺山势而建，让城垣与山体岩石连接成整体；有的地段深挖墙基至原生土层，上面铺巨石为基；在挖不到原生土的低洼地段，工人们便打下 10 多米长的木桩，上面铺设圆木井字形木排，借以分散城墙重量。大部分城墙以条石、城砖砌筑墙面，中间填以片石、城砖、黄土混合夯筑等，各种材料的黏合程度非常高。

南京地处多雨湿润的江南，建筑要在这里长久矗立，必须具备优良的排水系统。于是，建造者在城墙中设置了大量出水槽、排水洞，以便城墙中的积水能够快速排出。把排水渠道与护城河、涵洞、水闸等结构结合起来形成水关，还能利用流水增加城墙的防御能力。

南京明城墙“龙吐水”

墙体顶面设置了石质排水明沟，明沟每隔约 50 米的地方设有出水槽；城基每隔一定距离也设有排水洞，能将城墙内侧的积水排出城外。下暴雨期间，城墙上的出水槽、排水洞一起排水的场景，被称为“龙吐水”。

明朝时期的大型建筑不仅存在于北京、南京，还广泛分布在西安、山西等地。今天西安的城墙就是改建于1374—1378年。据文献记载，明朝修建的西安城墙，西墙和南墙都是利用原唐代皇城的城墙而增修加长，东墙和北墙是扩大新建的。在明末的战争中，西安部分城墙和城门也遭到了破坏，后来在清朝和近代得以多次修缮，才呈现出现在的模样。

在西安明城墙中，明朝还修建了钟楼、鼓楼各一座，它们原是城市中的公共报时机构。钟楼白天撞钟，鼓楼夜晚敲鼓，百姓根据钟声或鼓声的次数，就能知道时间了。鼓楼始建于1380年，比钟楼的建造时间稍早。这两座建筑后来在康熙、乾隆年间得以修缮，现在已经成为西安的城市地标。

西安明城墙

西安明城墙是在部分唐城墙的基础上重建而来的，在明末战争中被毁坏了一部分，清朝和近代又进行了多次维修。

明朝修长城也用了“水泥”？

长城是中华民族的文化标志，始建于春秋战国时期，但那时的城墙主要用夯土黄泥筑造，在经受风雨侵蚀后很容易垮塌，所以后世对长城的翻修、加固从来没有停止过。明朝建立以后，元朝的残余势力退回蒙古，但仍不时南下掠夺明朝边境军民的资源，后来东北地区的女真族又兴起并威胁到了明王朝的边境安危。为了抵御蒙古族和女真族的侵扰，明朝决定再次大举修葺长城。

明长城的修建历时 200 多年。建起的长城东起鸭绿江畔的辽宁虎山，西至北京居庸关，另一段新修长城东起祁连山东麓，西到甘肃嘉峪关。东部险要地段的城墙，全部用条石和青砖砌成，十分坚固。我们现代人提起长城时，首先浮现在脑海里的印象，就是东部的明长城。很多长城上著名景点，也是诞生自明代。

山海关

山海关坐落在河北秦皇岛，是明长城的著名关城。始建于1381年，由明朝大将徐达指挥修建。山海关的所在地地势险要，素有“天下第一关”的美誉。

明长城之所以坚固，在于这一时期工匠们已经开始用“水泥”加固城墙了。明朝的科技百科图书《天工开物》中就记载了“糯米水泥”的制法：将1份石灰混入河沙，再加入2份黄土，用糯米煮烂后捣成浆与羊桃藤汁和匀，这种灰浆叫作三合土，用它来填充砖石缝隙可以让建筑保存很久。近年来，浙江大学文物保护材料实验室对来自河北、北京的多处明长城的材料进行采样和分析后，证明这种传说中的“水泥”确实被应用到了东部明长城的修建中。

小知识

明朝用石灰、糯米、黄土等制作的“水泥”呈白色。北京、河北等地出土的记录明长城修建的石碑中就有“白灰勾缝”的记录，即以白色灰浆填补砖石间的缝隙。

明朝的“糯米水泥”

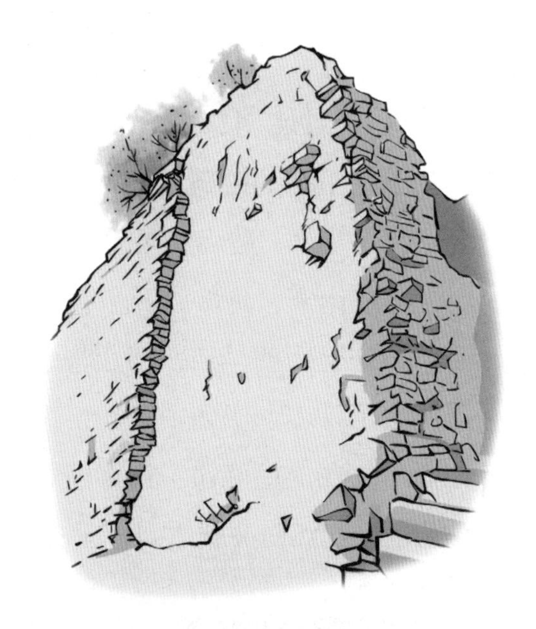

陕西神木明长城遗址

西部长城大量使用夯土和砖石结合的形式建造城墙和烽燧，图中遗址就是采用夯土墙外包砖墙的技术修建。

明长城工程浩大，除东部全部用砖石建造墙体以外，很多地方就地取材，将夯土和青砖结合起来，建造墙体。夯土和砖石的结合形式至少有两种：将土层和砖石层依次逐层铺砌，或在夯土城墙的外面外包砖石墙体。这种建筑方法既降低了建筑成本，又比纯夯土墙更坚固。

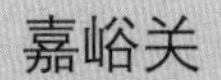

嘉峪关

嘉峪关是明长城西段的起点，始建于1372年。嘉峪关的关城平面呈梯形，城墙总长733米，墙高约11米，以黄土夯筑而成，西侧用砖包墙，雄伟坚固。

如画的江南园林

皇宫、城墙、长城，这些都是明朝主持修建的建筑，它们大都壮丽、宏伟，体现了明王朝的磅礴气势。而在远离北方的江南，同样有一大批诞生于明朝的私家建筑，展现着明朝人生活的富庶和艺术文化的兴盛。

早在南宋，许多富商、艺术家就在江南建造了许多优美的私家园林。到了元朝至明朝早期，朝廷将政治、文化重心迁到了北方，这让江南的发展放缓了许多。明朝中后期，社会财富积累，豪族、文人大量定居江南，他们不仅在这里修建了许多园林，还与亲友们在园林中吟诗作画、探讨哲学艺术，让江南文脉达到了前所未有的高度。

苏州拙政园

江南一带气候温润，水资源丰富，为造园奠定了良好的物质条件。明朝中后期，文人、富商陆续在这里修建了大量精美园林。其中，位于苏州的拙政园建于16世纪初，全园以水为中心，山水萦绕、亭榭精美、花木繁茂，具有浓郁的江南水乡特色，是中国四大名园之一。

上海豫园

上海豫园修建于明朝，占地30多亩，曾是四川布政使潘允端的私家园林。现在已经被开辟成景点，对公众开放。

南京瞻园

瞻园曾为明代著名大将徐达的府邸花园，是南京现存的历史最悠久的明代园林，也是江南四大名园之一。瞻园虽然占地面积不算大，但园内的山、水、石造景是江南古典园林的典范。

中国园林是在古代“天人合一”思想的影响下诞生的建筑艺术品，大致可分为北方园林、江南园林、岭南园林 3 种风格。其中，江南园林最能代表宋至明代的审美风格和建筑理念。江南园林强调以小见大、步移景异。建造者用假山理水手法模仿自然，在有限的空间内点缀假山、树木，安排亭台楼阁、池塘小桥，铺设园路曲径通幽，通过自然景观和建筑勾勒出唐诗宋词的意境，体现出园林的细腻精美。

宋明时的江南园林不仅是江南园林和建筑艺术的高峰，更承载着这一时期的文人文化。文人即古代受过教育的士大夫阶层，这些人往往担任过官员，非常热衷艺术创作。明代中晚期是文人文化发展的巅峰，这一时期出现的绘画、小说、戏曲直到现在仍对大众的生活产生着影响。

明朝中晚期，人们不仅对园林、建筑很讲究，对家具也很重视——明式家具是中国古代家具美学发展的巅峰。明朝在海南发现了一种优良木料，并将其应用到家具制作领域，这种木料就是大名鼎鼎的黄花梨。黄花梨属于黄檀木，生长十分缓慢，但成材后质地坚硬、纹理致密，是不可多得的优质木料。但在明代大量砍伐以后，到清代时已经十分稀少了。

明代家具在设计上注重简约、雅致，雕花和装饰很少，体现了宋明时期的文人审美。

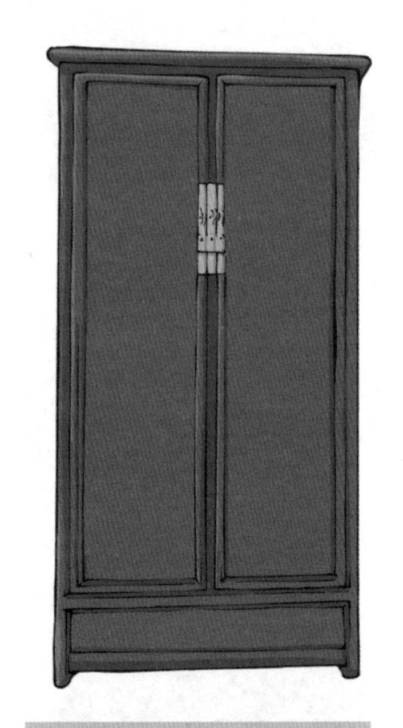

明黄花梨全素面条柜

这种柜子是经典的明式风格，利用柜门重心偏内的原理，能让打开的柜门自动关合起来。

明《玩古图》临摹

这幅画描绘了典型的明代文人生活。明代文化兴盛，文人们常在家中宴请好友，一起写诗作赋、绘画、下棋、鉴赏古玩。

明黄花梨官帽椅

这种椅子的样式简约、雅致，在宋明时期一直很受文人欢迎。

小剧场：哪些食物是外来的？

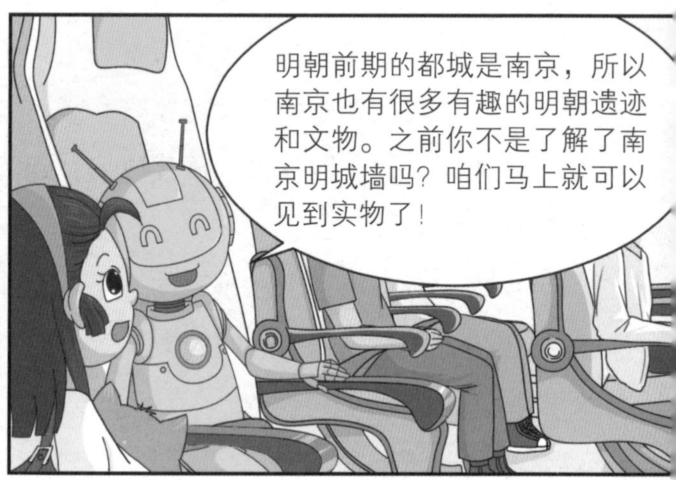

这么简单，
当然是冰淇
淋了。
不对！

难道明朝就有冰淇
淋吃了？
你记得我们看过的春秋时期的
冰鉴吗？那个时候人们就会吃
冰沙了。唐朝的宫廷中也有冰
淇淋了哦。

正确答案是B和C，红薯
和辣椒其实都是明朝时通过
海运传到中国的。
那胡椒呢？
胡椒是唐朝时，沿
着陆上丝绸之路传
过来的。

郑和七下西洋

南宋到元朝时，中国的海运已经很发达，海上丝绸之路也已经很繁荣。到明朝建立以后，朝廷更是派出一支庞大的海上舰队多次外出寻访，整合了从中国东南沿海到西亚、北非的海上贸易线路，这支船队的指挥者就是大名鼎鼎的郑和。

郑和带领船队七下西洋

郑和本名马三宝，出生于 1371 年，祖籍云南，后来成为燕王朱棣的家臣。他知书达理，获得了朱棣的赏识，并被赐了郑姓。郑和带领的船队代表明朝朝廷，七下西洋的壮举扩展了明王朝的影响力，促进了国家间的交流。

郑和的船队曾经 7 次下西洋，他们从南京出发，先后到达了爪哇（今印度尼西亚爪哇岛）、苏门答剌（今印度尼西亚）、苏禄（今菲律宾群岛）、彭亨（今马来西亚）、真腊（今柬埔寨）、暹（xiān）罗（今泰国）、榜葛剌（今孟加拉国和印度西孟加拉一带）、忽鲁谟斯（今伊朗东南）、木骨都束（今非洲东岸索马里的摩加迪沙一带）和麻林迪（今肯尼亚）等地。

这几次官方远航中，郑和给沿途国家带去了中国的丝绸、瓷器等，也带回了这些国家进贡的长颈鹿、狮子、金钱豹、骆驼等动物和香料等特产，促进了国家间的友好交流，建立了海上丝绸之路的贸易秩序。

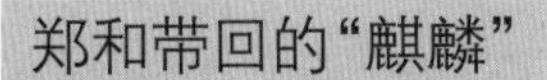

郑和带回的“麒麟”

郑和出访榜葛剌时，收获了对方进贡的长颈鹿，并将其带回了中国。由于当时的人们没有见过这种动物，便将其与古书中的神兽联系了起来，认为郑和带回的是“麒麟”。

小知识

郑和下西洋，使明王朝在东南亚全面建立起华夷政治体系，展示了明王朝的政治和军事优势，使朝贡体系的规模大大扩展。

朝贡

郑和的船队规模巨大，由大约 60 只大小不等的远洋船舶组成，随船远航的水手、将士超过 2 万人。郑和下西洋比哥伦布发现美洲大陆早 87 年，比麦哲伦环球航行早 114 年，而且没有像西方人那样因缺乏食物、航行条件艰苦而出现大量人员病亡，这充分说明了明朝船舶制造技术的先进、载重量的巨大。

郑和宝船模型

宝船是郑和船队中最大的船，也是当时世界上最大的木帆船。根据《明史》的记载，宝船长约 150 米，宽约 60 米，船头昂、船尾高，建筑形式上属于楼船，舱底到甲板共有 5 层，设有 9 桅 12 帆。

郑和下西洋纪念邮票

郑和船队中船舶数量多，船只载重量大，可以携带大量物资。除生活物资、贸易商品外，还有大量火炮等武器。从这枚邮票上可以想象到郑和船队的宏大规模。

大约在元明时期，人们已能将天文学和计算数学应用到航海上，通过观测星宿的高度来确定船舶所在的地理纬度，以测定船舶在海中的方位，形成了称作“牵星术”的天文航海技术。航海家牵星记录的都是以北极星为记，但是当纬度低于北纬 6°的时候，印度洋上就看不到北极星了。明代的航海家航行至南洋时，便以华盖星为记，说明明朝的天文、航海知识比元朝更加丰富了。

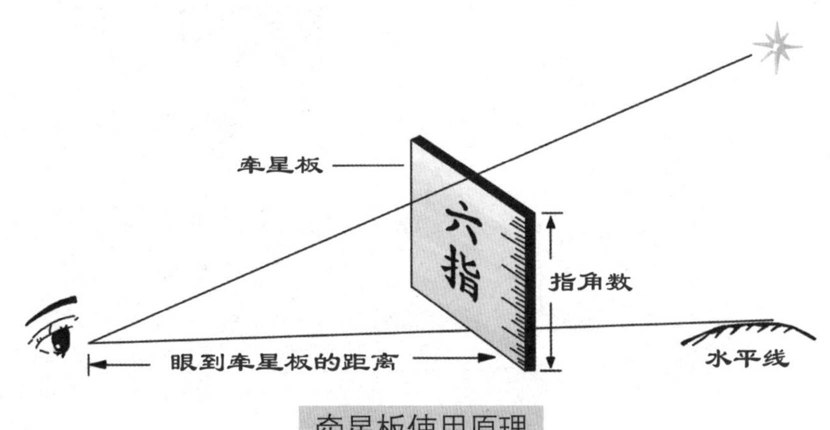

牵星板使用原理

红薯和土豆坐船来中国

郑和下西洋是明朝初年的航海壮举，也是 15 世纪末欧洲的地理大发现之前，世界历史上规模最大的海上探险。然而可惜的是，这一系列远航之后，明王朝便主动中断了海外探索，也不再进行官方层面的海运贸易了。在明朝实施海禁以后，其实仍有许多民间商船出海做生意，只是规模已不能和明朝初期甚至宋元时期相提并论。没有了朝廷船队的保护，中国商人们外出贸易的风险也增加了。

很多我们今天熟悉的农产品，其实都是明朝中后期从海上输入的。例如番薯（又称红薯、甘薯），就是在大约 1593 年由商人陈振龙从菲律宾带回的。当时的菲律宾是西班牙的殖民地，而西班牙人禁止番薯出口，于是陈振龙只得把番薯藤截成很多小截，编在船上的缆绳里，并在外面抹上淤泥掩盖，这样才从西班牙人眼皮子底下把番薯偷偷带回了中国。

陈振龙带回番薯藤

陈振龙长年在菲律宾经商，他看到当地有一种植物，叶子可以喂牲口，根茎可以吃，不但美味，还很容易栽种，于是便想将这种农作物带回中国。番薯后来在清朝养活了大量人口。

在明朝采取海禁锁国政策的同时，欧洲人开启了大航海时代，他们不仅发现了新大陆，还逐渐开启了殖民贸易。许多我们熟悉的农作物，其实原产地都不在中国，而是明朝时通过海上贸易输入亚洲的。玉米、辣椒、花生、土豆、烟草，这些原本都是南美洲的作物，被欧洲人带到东南亚后，才逐渐传入中国。

花生

花生原产地在巴西，元代医学家贾铭在《饮食须知》中就记载了这种作物。明朝引种的花生是小粒花生。

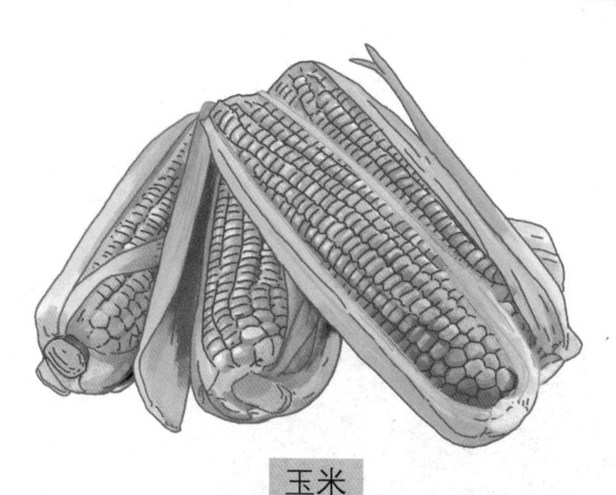

玉米

玉米原产自南美洲，明朝时通过海运传到沿海省份。李时珍在《本草纲目》中就记载有这种作物，但是根据记载，这种农作物在明朝时并未普及。

土豆

土豆原产自秘鲁南部、智利等地，16 世纪时被西班牙殖民者带到了欧洲和东南亚，后来通过在东南亚做生意的华侨传入中国。

世界地图和地球仪

明朝初年，郑和通过多次海上探索，对东南亚、西亚、阿拉伯半岛和非洲东岸的地理有了深刻认识，他绘制多份下西洋路线图，为中国了解欧亚地理形态奠定了基础。100 多年后，意大利传教士利玛窦和明朝官员李之藻在欧洲及郑和地图的基础上，共同绘制了中国第一份彩色世界地图——《坤舆万国全图》。地图上欧洲地名全部用汉字标注，还有中国各省的名称以及非洲、北美洲、南美洲的大致信息。据推测，地图上中国地理的部分由李之藻完成，而欧洲部分以及展现南美洲地理的内容则是参考利玛窦所带的地图完成。《坤舆万国全图》的价值很高，自诞生起就被多次临摹复制，后来复制品陆续流落到梵蒂冈、日本等地。中国国内收藏的最早的版本绘于 1608 年，现在被收藏在南京博物院中。

小知识

意大利传教士利玛窦最早到广东肇庆传教，当时还带了一幅小型世界地图和自鸣钟、地球仪等器械。后来，利玛窦进京朝见万历皇帝，万历皇帝对他带来的地图很感兴趣。不久之后，利玛窦和李之藻共同绘制了《坤舆万国全图》献给万历皇帝。

利玛窦与李之藻交流

李之藻和利玛窦不仅一起绘制了地图，还在1603年一起制作了一台地球仪，后来明朝又根据李之藻的地球仪制作了多台更大型、更精美的地球仪。和元朝阿拉伯天文官扎马鲁丁引入的地球仪相比，明朝地球仪上绘制了经纬网，将赤道、南北回归线、南北极圈的整个地球纬度纳入了模型，弥补了元朝地球仪的缺陷。明朝地球仪还标注了五大洲，使人们得以了解西方地理大发现的新知识。

明朝地球仪

制作于1623年，是现存最早的在中国制作的汉文注记地球仪，直径58.4厘米，由木料制作，表面绘彩漆。

水产动物专著《闽中海错疏》

在明朝以前，动物学知识主要都记载在农医著作中，直到明朝屠本畯（jùn）按照生物特性写出水产动物专著《闽中海错疏》。这本书记录了福建一带200多种海产动物，其中除鱼类外还有腔肠动物、软体动物、节肢动物、两栖动物及哺乳动物。尤其值得一提的是，屠本畯根据动物生物学特性，将它们分成许多群，在大群中还有小群，由此体现各种动物的亲缘关系，这包含了现代生物分类学中科、属概念的萌芽，与现代动物志的编写方法十分接近。书中还描述了水产动物的形态、生活环境、生活习性和经济价值等，对近代生物学研究和海洋水产资源开发有一定参考价值。

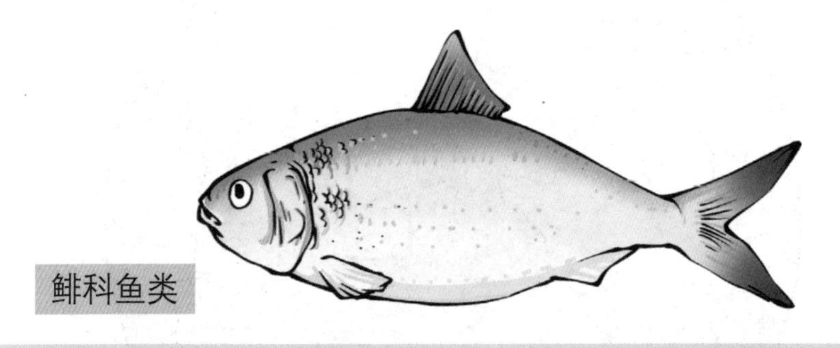

鲱科鱼类

屠本畯在排列鱼类时，把鲥（shí）、鳓（lè）、鲚（jì）排列在一起，现在已知这3种鱼都属于鲱科。

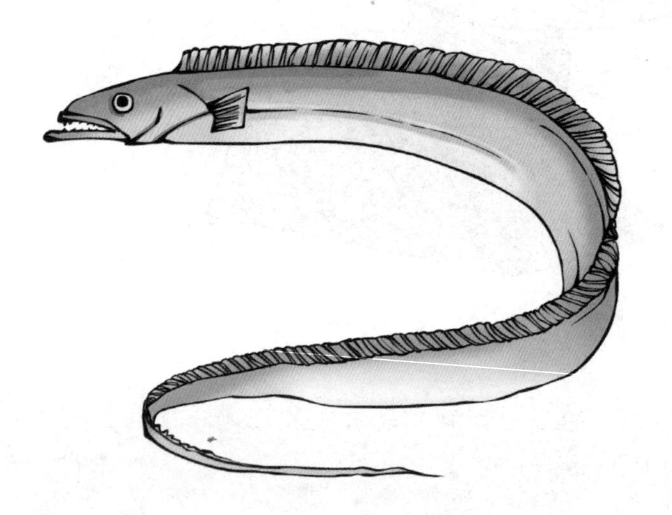

带鱼

大黄鱼、小黄鱼、带鱼和乌贼是中国传统四大海产。按现代生物分类学的方法进行统计，《闽中海错疏》记载了共包含四大海产在内的20目40科水产动物。

徐霞客的地理大探索

明朝时，人们不仅向外探索海洋，还在境内探索着名山大川。这一时期的地理学家、旅行家中，最著名的就是徐霞客了。徐霞客从小对地理奥秘感兴趣，他从 22 岁出发，一直到 54 岁去世，生命中绝大部分时间都在旅行考察中度过。徐霞客的旅行不仅是为了寻奇访胜，更是为了探索大自然的奥秘，寻找大自然的规律。他在山脉、水道、地质和地貌等方面的调查和研究都取得了超越前人的成就，并将自己的考察、研究写成了 60 多万字的著作《徐霞客游记》。

历史上，人们曾多次探寻黄河的源头，但对长江的源头探寻较少。战国时的地理书《禹贡》将岷江作为长江的源头，但徐霞客对此产生了怀疑，他通过寻访，认定发源于昆仑山南麓的金沙江才是长江源头。

徐霞客还是世界上对石灰岩地貌进行科学考察的先驱。他对湖南、广西、云南等地的 100 多个石灰岩洞穴进行了考察，并对地质情况、地质成因作了详细的描述、记载和研究。这些洞穴大多在人迹罕至的地方，独自前往将面临很多困难，而徐霞客凭借过人胆识和科学精神克服了这些困难，他没有任何仪器，全凭目测步量，但考察的结果大都十分科学。例如，他对桂林七星岩 15 个洞穴的记载，就与现代地质学家考察的结果几乎完全一致。徐霞客还解释了石灰岩溶洞中奇观的成因。

徐霞客探索石灰岩洞穴

徐霞客在著作中指出了石灰岩洞穴的成因：岩洞是由于流水的侵蚀造成的，石钟乳则是由于石灰岩溶于水，从石灰岩中滴下的水蒸发后凝聚而成，呈现出各种奇妙的形状。这种结论是十分正确的。

徐霞客到腾冲时，听当地人说起过30年前发生的一桩怪事。当时，几个牧羊人将羊赶入山谷后就在一旁聊天，突然天气阴沉起来，空中传来阵阵巨响。在牧羊人正把羊群赶到一起时，天空中落下了十几个火球，把山谷中的羊和牧羊人烧成了灰烬。一个幸存者逃出山谷后把这件事告诉了村民，从此之后，这片山谷被当地人列为了禁地。徐霞客对这个故事很感兴趣，他前去山谷查看，并找到了一些呈蜂窝状、很轻的石头，他将这种石头带出了山谷，此后很长一段时间里，他都会时不时把这些奇怪的石块拿出来研究，但都没有找到腾冲天降大火的原因。

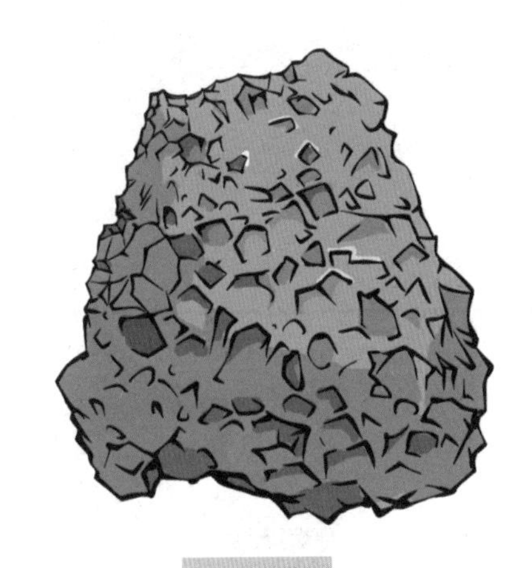

火山岩

徐霞客在腾冲山谷中发现的蜂窝状石头，其实是火山岩。岩浆在冷却成石头的过程中，被大量气泡穿过，所以火山岩遍布气孔。

二十世纪七八十年代，专家认为，当年徐霞客发现的那些蜂窝怪石其实就是火山岩，而那场灾难，其实是火山爆发造成的。

腾冲温泉

徐霞客在游历腾冲时，记载了这里温泉资源丰富。他本人很爱泡温泉。

小剧场：奇怪的机械

天工开物
这些奇怪的器械是做什么的？
这些都是根据《天工开物》的记述复原的。
娜娜，快来猜猜这是做什么的？

这东西……好像是一个风车？
没错，这是古代的立式风车。

风推动扇叶转动，
扇叶再牵动水车，
就可以把水从低处
运到高处。

那这又是什么？
这叫土砻（lóng），
是古代的碾米机。

怎么这些机械都好奇怪呀？
我从来都没见过呢！
因为这些都是古代机械，我
们现代人已经很少有机会
看到了。但在古代，它们可
全是高精尖设备呢。
你刚才说这些
机械是按照那
个天什么……
复原的？
是《天工开物》，一本
明朝晚期的工艺百科全
书哦。

17 世纪的工艺百科全书

在明朝晚期，科学家宋应星搜集整理了明朝及以前的各种工艺技术，撰写出了一部伟大的工艺百科全书——《天工开物》。书中记载了农业、手工业领域的各种技术和机械，展现了明末中国科技的发展水平，以及资本主义萌芽时期的生产力状况。宋应星在书中强调人类要和自然相协调、人力要与自然力相配合，这与现在的科学发展观不谋而合。

《天工开物》初刊于 1637 年，分为上、中、下三卷共 18 篇，附有 120 多幅插图，描绘了 130 多项生产技术和工具的名称、形状、工序，涉及的生产领域包括作物种植、纺织、染色、谷物加工、制盐、制糖、榨油、制瓷、金属铸造、兵器制造、造船、矿物颜料生产等。

《天工开物》中的扇车

《天工开物》用文字与插图的方式记录了许多粮食加工机械和步骤。把谷物放入扇车，通过手摇扇轮，可以把谷糠和杂质吹出。

《天工开物》中的土砻

土砻是古代的碾米机，用土压实制作成土砻墩，再放到木构架底座上，外面罩竹篾编的环篓。这种工具直到现在都有人使用。

《天工开物》中还首次提到了金属锌，书中说将这种金属与铜或铁冶成合金，可以提升金属的压延性、耐磨性和抗腐性。书中还介绍了锌的冶炼方法：将炉甘石（碳酸锌）矿石放在泥罐内，用泥密封，把泥罐和煤炭饼重叠地铺设，再一起用柴火烤，使罐内的炉甘石受热分解形成氧化锌，并与煤炭饼中的碳发生反应还原成金属锌。《天工开物》关于炼锌的描述不仅文字详尽，还有图解，而《天工开物》是晚明以前各种工艺技术的集合，因此很有可能中国人对锌的冶炼要早于成书的年代。欧洲人到1746年才认识金属锌，但一直未掌握锌的冶炼方法，所以曾长期从中国进口这种金属。

《天工开物》中的冶锌场景

锌是通过熬炼炉甘石得来的，这种矿石盛产于山西太行山，湖北等地也有储量。冶炼时，将炉甘石装进泥罐，把泥罐密封后均匀排列在煤炭饼上，煤炭饼下铺柴焚烧，让火把泥罐烤红，这样罐中的炉甘石就会熔化，待其冷却后取出就可以得到凝固的锌块。

《天工开物》中的活塞式风箱

双动活塞风箱是一种为火炉提供氧气的木制装置，可以让炉火烧得更旺。在唐宋时期已出现，宋应星在书中记载了这种风箱的结构和使用方法，并配图展示。

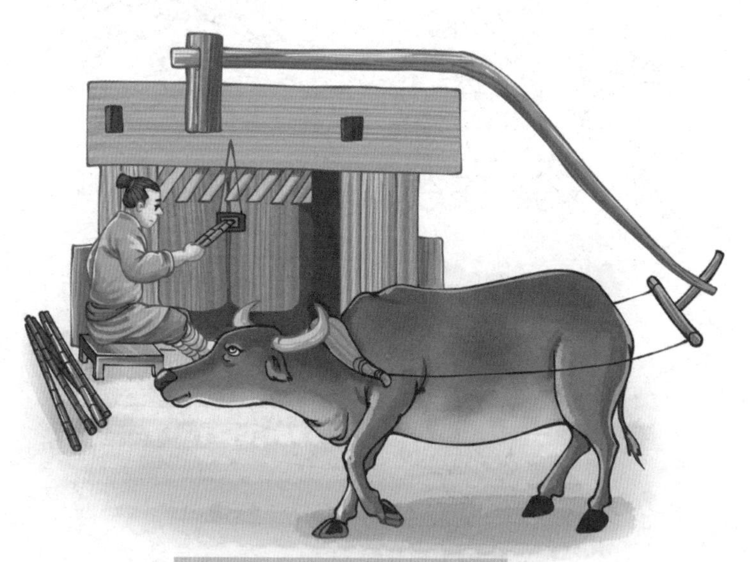

《天工开物》中的糖车

糖车是轧甘蔗取糖浆的机器。将甘蔗从两根轧辊中间送入，通过牛牵动轧辊，挤压甘蔗让汁液流入轧辊下的容器。书中还介绍了各种熬糖方法，比如熬煮甘蔗汁可以得到红糖，再把黄泥水加入红糖，过滤并蒸干后可以得到洁白如霜的白糖。

明朝的石油开采技术

石油是现代人熟悉的能源，汽车、制造沥青等都离不开它。但你知道吗？早在明朝，中国人就开始挖井开采石油了。古人最早接触到的石油，多是自然流到地面上的。人们发现这种浓黑、黏稠的油脂很容易燃烧，有一定危险性。

《汉书·地理志》中关于石油的记载

《汉书》中记载定阳高奴（今陕西延安东北）有一种黑色液体，可以燃烧。这是中国关于石油较早的记载。北宋以前的人们虽然不会开采石油，但已认识石油的特性。

在北宋以前，由于采矿技术的局限，人们只能挖大口浅井，无法获取地底深处的资源。直到北宋工匠们发明了卓筒井——这是一种小口径的深井，当时人们主要用这种井来汲取卤水、炼制食盐。但随着井道技术的提升，人们偶然发现这种深井也可以用来开采地底深处的石油，于是最初的石油开采行业逐步成型。宋朝获取石油后，主要是将其制作成固态照明用的石烛或军事领域中使用的燃油炮弹。南宋诗人陆游就曾在诗作中对石油做的灯油这样描述：“但喜明如蜡，何嫌色似黛”，就是说石油做的蜡烛燃烧时亮度很高，但产生的烟尘很大。

明朝时，人们完善了卓筒井的配套机械，采盐时开始用天车提卤，并在井道外建立了竹笕和竹制管道系统作为运输装置，大大提高了开采效率。这一时期，石油的炼制加工技术进步了，人们对石油的需求也提升，于是在 1521 年，四川嘉州出现了中国历史上首个石油井。

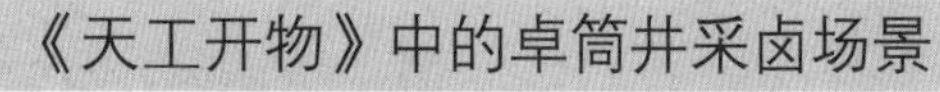

《天工开物》中的卓筒井采卤场景

在16世纪时，人们为了更方便地提卤，已开始使用天车。天车是一种定滑轮装置，大大提升提卤效率。明朝天车使用杉木作为配重，用竹篾绳作为缆绳。

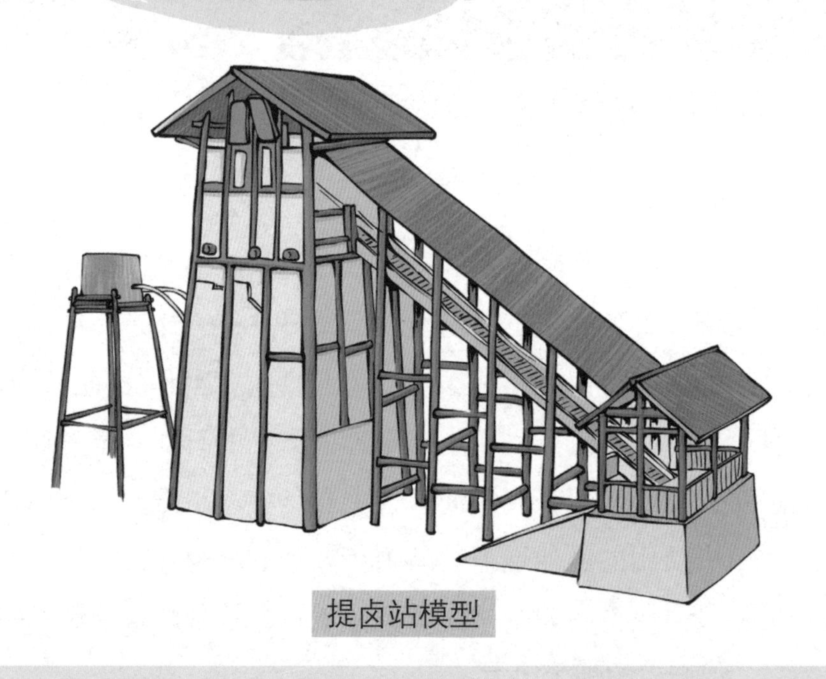

提卤站模型

在输卤的过程中，因受地势高低的限制阻碍，部分笕管可能出现进水口低于出水口的情况，这时就要提高水位，增加扬程——提卤站就是这种提高水位的装置。提卤站是在低洼处建造的木制高楼，楼内设井车，以骡马驱动，通过畜力把卤水从低处提升至高处。站外一般还设有笕窝，这是一种木制容器，解决了笕管的转向问题。

装石油的竹筒

明清时期，石油的炼制技术有了进步，人们会把加工后的石油装入竹筒，作为灯油使用。另外，在煮卤时，人们也用石油作为燃料。

石油的妙用

石油除了作为燃油使用，还具有医疗作用。明朝著名医学家李时珍就曾在《本草纲目》中写道，用石油涂抹牛、马、羊等牲畜的皮肤，可以祛除牲畜身上的寄生虫，还可以治疗疥癣等皮肤病。

明朝的天然气运输管道

中国人对天然气的认识，同样可以追溯到汉朝。西汉时，人们偶然发现在一些地洞附近点火，火会持续燃烧，当时的人们只把这当作了一种超自然现象。东汉晚期，四川有人在挖盐井时，发现了相同的现象。当时的人们虽然不知道其原理，但已将这种洞命名为“火井”，并用火井来煮盐。

最晚至宋朝时，人们已经认识到火井之所以能燃起火焰，与洞中的气体有关。约在16世纪，工人们在四川自贡一带挖井采卤时，多次挖出自流井，卤水和天然气同时在井中冒出。为了高效采集这些天然气，人们发明了一种用竹管收集、运输天然气的方法——簾盆采气法。

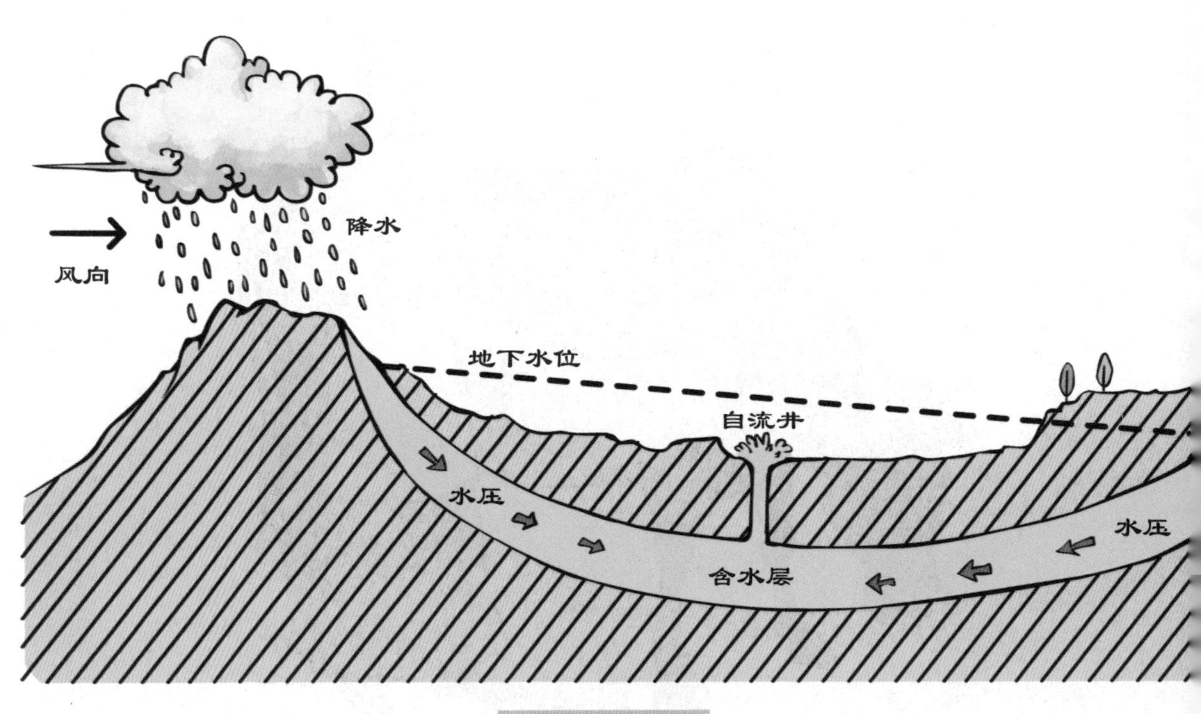

自流井示意图

自流井是地面低于承压水位时，承压水会涌出地表而形成的现象。明清时期，自流井是自贡地区主要的盐业产地之一。

窠盆采气法的技术核心，是将中空的竹子连接起来做成竹管，将管网的一端插入自流井，另一端延伸到灶台处，在灶台处点火就能获得持续燃烧的火焰。这种天然气管网系统到清朝时已经发展得十分成熟，据《川盐纪要》记载，福建工匠林启公制作的管道可以把天然气运输到100多千米外。

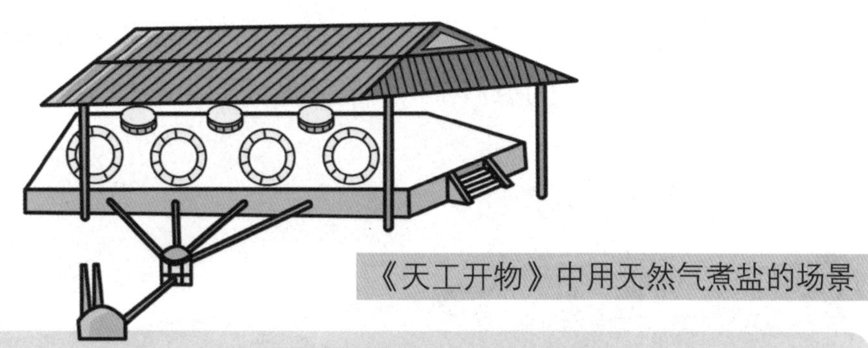

《天工开物》中用天然气煮盐的场景

《天工开物》第五卷《作咸·井盐》中，就有用竹管采集、运输天然气的内容。书中是这样介绍的：（自流）井中冒出冷水，没有一点火气。但用竹子做成竹管道插到井底，再把管道另一端接到煮卤水的铁锅下，用明火一点，就会看到竹管外燃起熊熊烈火，不一会儿就会把铁锅中的水煮开。

窠盆采气法中输送竹管

明朝制作的竹管输气系统已经很成熟，竹子接缝处用漆布缠绕，不会漏气。到清朝时，人们发现用动物皮囊套住输气竹管口，皮囊会因充气胀起来，把皮囊拿到很远的地方再点火也可以燃起火焰。

威猛的明朝火器

自唐朝发明黑火药，人们便开始在战争中使用热武器了。中国古代热武器的发明和使用，在明朝时达到新的高峰。这一时期，具备现代枪、炮形态的武器都已出现，同时人们还开始使用水雷、火箭等武器。

元朝时，人们已经在战争中使用手铳。手铳是枪的雏形，采用金属管做枪身，可远距离发射箭、铅弹和铁弹。明王朝建立后，深知火器的厉害，因此建立了掌管火器的特种部队——神机营。明太祖朱元璋为制作火器的工匠提供丰厚待遇，鼓励他们生产、制造和发明更多厉害的火器，因此明朝时出现了多种新式手铳。

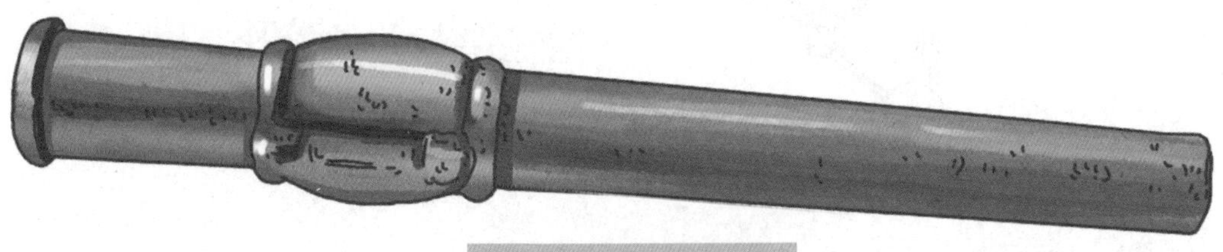

明正统年间的火铳

根据铳身铭文，可知其制造于1444年。火铳全长35.7厘米，口径1.4厘米，与现代手枪大小类似。使用时需要安装木柄。

三眼铳

小知识

手铳每次只能发射一枚子弹，发射完后要重新填装子弹。为了提高发射效率，明朝工匠把手铳改良为三眼铳和十眼铳。每次装满弹丸后，可以连续发射。可以说这种武器是现代机关枪的雏形。

十眼铳

十眼铳的优势是可以一次性填充10发子弹，实现连续发射。但这种火器的缺陷也很明显，就是每一颗子弹之间相隔距离太短，射程和命中率都不太好。

鸟铳是在明朝年间从西方传入中国的火绳枪，因为可以射鸟而得名。明末官员范景文在《师律》一书中这样写道：鸟铳可以直接点火，在点火的时候后手不用放下来，所以它在发射的时候不会晃动，命中率非常高，打出十发子弹可以有八九发命中。即使鸟儿在树林里飞来飞去，都很容易击中。

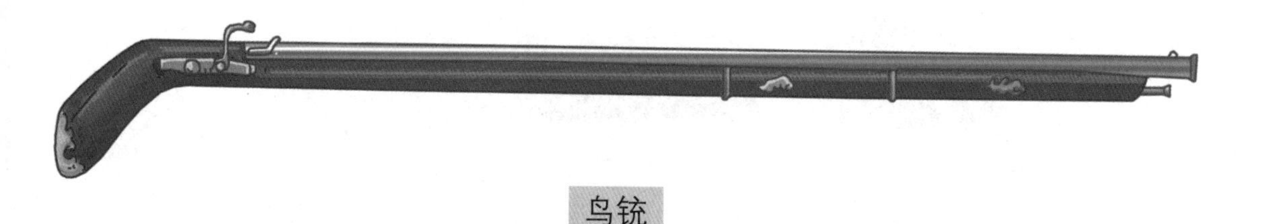

鸟铳

鸟铳在明朝传入中国，与原有的管身火器相比，结构更接近于现代步枪，具有照门、照星、铳托、铳机等部件，可以让使用者双手同时持握、射击，提升了射击准确度。

赵士桢像

明朝军事发明家赵士桢在土耳其进贡的火绳枪的基础上，发明了一种鲁密铳。这种铳加长了枪管，使其射程高于鸟铳，可达150米以上。鲁密铳的构成还包括装发射药的火药罐、装发药的发药罐、点火用的慢燃火绳及搠杖，结构完备，威力巨大，几乎可以和现代步枪相媲美。

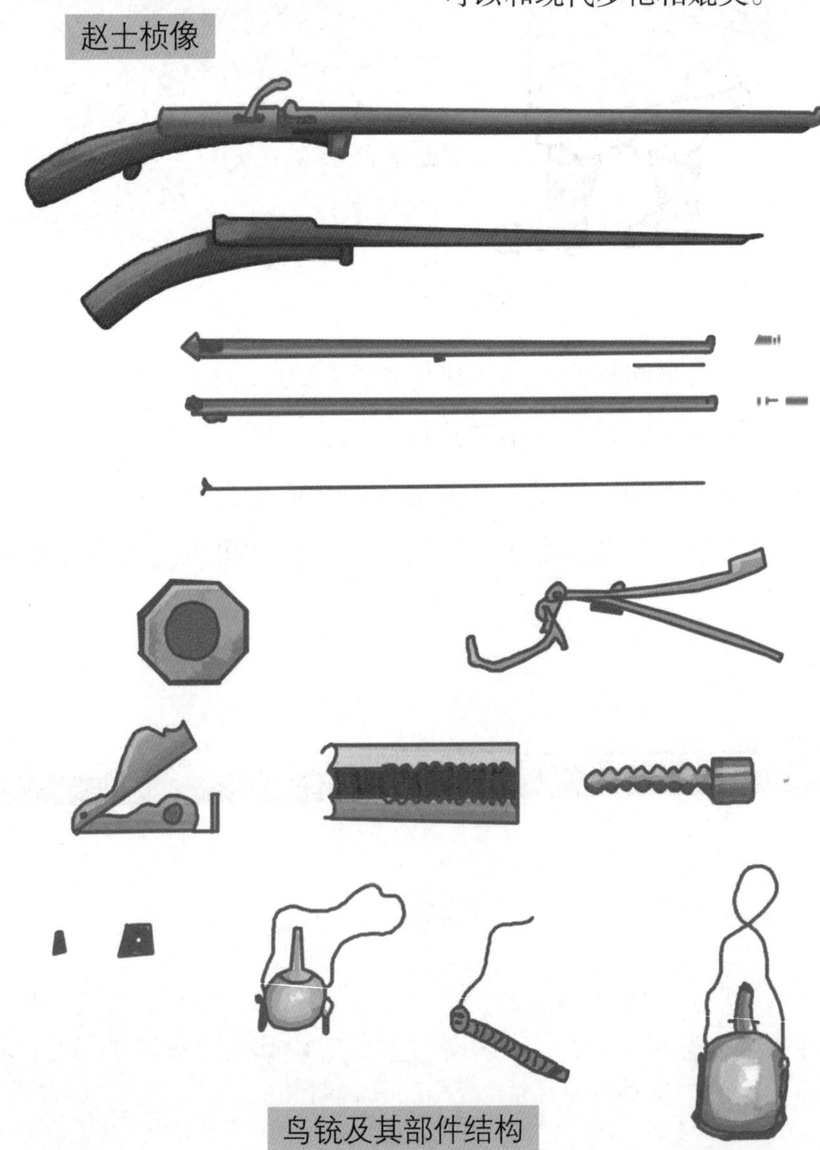

鸟铳及其部件结构

《神器谱》中的掣电铳

赵士桢在鲁密铳的基础上，制造出了掣电铳。掣电铳去掉了鲁密铳的药池结构，改为在子铳上插入药捻，并采用了后装弹药的方式，配备了6个子铳，这样可以提升射击的速度。这种火器曾批量生产，用作明军精锐部队的配置。

“三段击”战术

为了提高射击效率，神机营的士兵采用“三段击”战术，即一队射击，一队准备，一队装填子弹，三队依次轮流射击。

迅雷铳

由赵士桢发明的多管火绳枪，吸收了鸟铳和三眼铳的优势，铳身上装5个铳管，每发一枪后转动72°发射另一管。铳管上配有圆牌作为护盾，射击时支撑铳身的斧子也可在射完后用来防卫。

元朝以前的大炮，虽名为火炮，但更像是一种投石机。元明时期，人们将火铳的体积加大，并将铳口做成碗口状，架在木架上发射，这才是现代钢管大炮的雏形。《大明会典·火器》中记载，碗口铳发射无力，射程近、威力小，不堪用。于是明中期时人们在碗口铳的基础上发明了一种虎蹲炮，这是明朝工匠自主研发的早期迫击炮，炮管轻便且细长，容易运输，使用时用两只铁爪架起，炮弹射程500米左右，威力巨大。

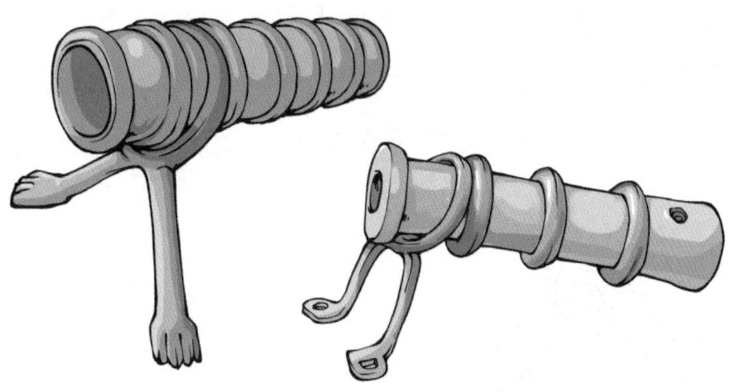

虎蹲炮复原模型

虎蹲炮的大小不止一种，较常用的一种炮管长约 66 厘米，重约 25 千克，每次发射可装填 5 钱重的小铅弹或小石子 100 枚，杀伤力和辐射范围都很大，特别适用于野战，是明朝戚家军抗倭的有力武器。

明朝将军炮

炮身有多道铁箍，炮管使用熟铁捶打卷制成型，外用铁箍固定。

明朝中期以后，火炮技术日渐成熟，人们制作了各种尺寸的金属炮，并按照炮身大小，将其分为大将军炮、二将军炮、三将军炮等，其中大将军炮的体积最大。除了大量生产本土火炮，明朝工匠也在积极研究、仿制欧洲火炮。

因为明朝把葡萄牙称为佛郎机，所以把从葡萄牙传入的大炮称为佛郎机炮。佛郎机炮重达 500 多千克，长 1.6—1.9 米，以黄铜或铁制作。这种炮的炮口能够上下左右转动，灵活性更好，炮身设有照门，使发射的精确度大大提高。由于这种炮威力巨大，结构科学，所以在嘉靖年间被大量仿制。

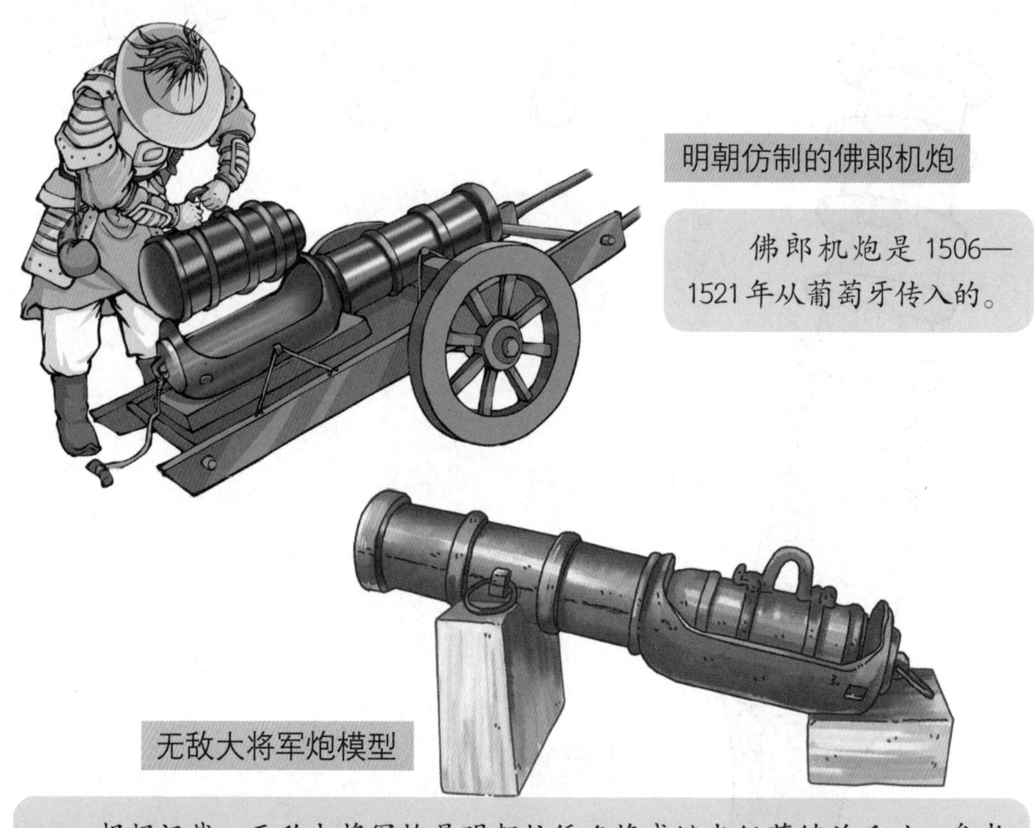

明朝仿制的佛郎机炮

佛郎机炮是 1506—1521 年从葡萄牙传入的。

无敌大将军炮模型

根据记载，无敌大将军炮是明朝抗倭名将戚继光任蓟镇总兵时，参考佛郎机炮改进的蓟州铜制大炮，总重约 750 千克。

明朝工匠仿制的欧洲火炮不止佛郎机炮一种，还有荷兰的红夷大炮。这种炮是明朝后期被荷兰商船带入中国的，是当时世界上最先进的火炮。红夷大炮与明朝本土火炮相比，在设计上有很多优点：它的炮管长、管壁厚、口径大，整体形状从炮口到炮尾逐渐加粗，符合火药燃烧时膛压由高到低的原理；在炮身的重心处两侧有圆柱形的炮耳，火炮以此为轴可以调节射角，配合火药用量改变射程；炮身上还设有准星和照门，射击精度更高。

红夷大炮复原模型

明朝后期的工匠曾仿照红夷大炮的结构，用铜铁复合材料制造炮身，制作了一批明朝本土的红夷大炮。另外，晚明工匠还在红夷大炮的构造上进行了创新，制造出了一种高倍径的将军炮，大大提升了射程。

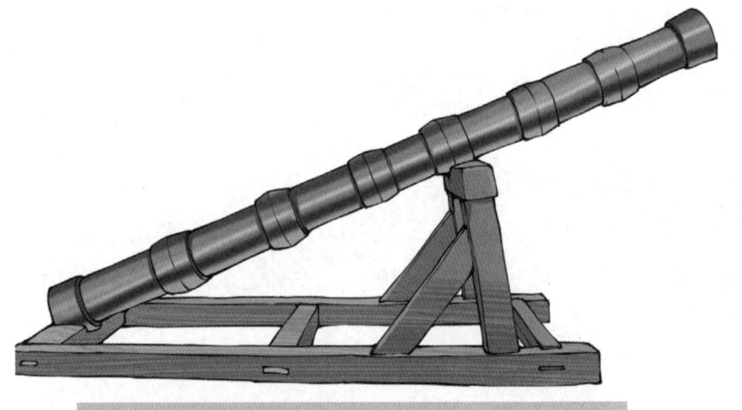
结合红夷大炮的身管比例制作的将军炮

明朝工匠结合红夷大炮的结构用分段铸造法制造了一种锻造型高倍径将军铁炮，其炮身长 2.6 米，外径 20 厘米，内径 9.5 厘米，倍径高达 27。

明朝不仅发明了多种新式火铳，还发明了水雷。1549 年制造的“水底雷”可称为世界上第一颗水雷。这种水雷用木箱做雷壳，油灰粘缝，箱中装黑火药，箱底设绳索连接铁锚，不同大小的铁锚可以控制水雷在水中悬浮的深度。水雷的引线连接着一根很长的绳子，由岸上的人拉绳引爆。

后来，明朝水军又发明了世界上最早的漂雷——以燃香为定时引信的“水底龙王炮”。这种水雷的外壳用熟铁打造，重约 2.4—3.9 千克，内装火药，熟铁外裹牛膀胱隔水，再绑到薄木板上。火药连接着引线，引线外罩晒干的羊肠，羊肠末端粘有鹅雁翎，使引线可以浮在水面上。将这种水雷绑到木板上，把木板放入水中，水雷便会顺流漂到敌军的船下引爆。

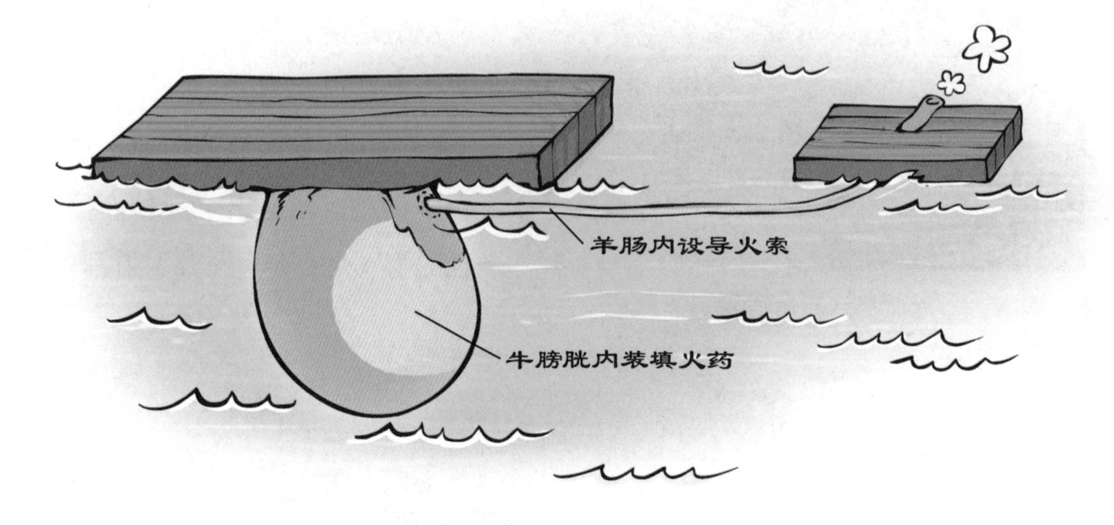

“水底龙王炮”想象图

水底龙王炮是在铁壳地雷的基础上，用牛膀胱、羊肠等密封隔水，再绑到木板上，让其漂浮。后来，人们又将龙王炮改成了触线漂雷——有船只触碰漂雷后，雷上的火石自动打火，点燃引线。这种武器主要用来对付沿海倭寇。

《天工开物》中记载的“万人敌”

“万人敌”创制于1637年，是用泥制作的空心圆球，圆球中心填充有火药和有毒物质，球体四周留有小孔。在守城的时候，点燃引信，将“万人敌”抛到城下，泥球会不断旋转，四处喷射火焰。“万人敌”重约40千克，搬运的时候出于安全考虑要用木箱装起来。

明朝发明了多种“弹道火箭”，比如最早的二级推进火箭——“火龙出水”。这种火箭以茅竹为外壳，前后装一个木制龙头或龙尾，龙腹内装神机火箭数支，把火箭的引线连在一起，从龙头下部一个孔中引出，连接到龙身周围火药筒的底部。龙身外有 4 支火药筒，把它们的引线连在一起，可一次性全部点燃。龙身上 4 支火药筒是第一级火箭，被点燃后能推动火龙飞行 1000 多米，等第一级火箭燃烧完毕，龙腹内的二级火箭（火药箭）就会自动引燃，从龙口里射出，从空中直袭目标。

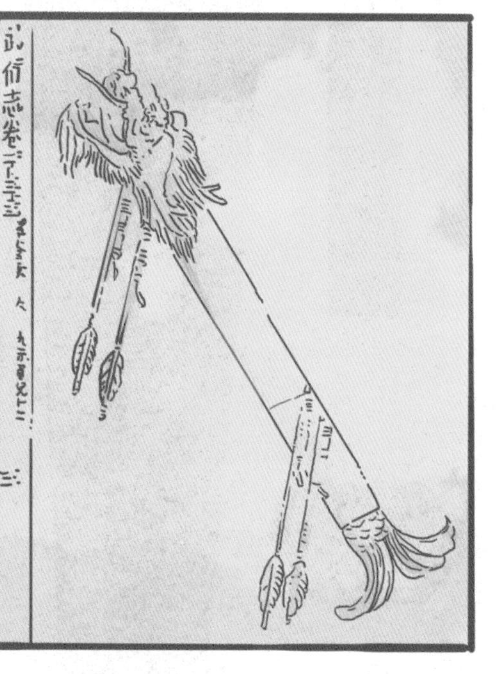

用猫竹五尺，去節，鐵刀刮薄，前用木雕成龍頭，後雕龍尾，口宜向上，其龍腹内装神機火箭數枝，龍頭上留眼一箇，將火箭上藥線俱總一處，龍頭下兩邊用斤半重火箭筒二箇，其筒火門宜下垂，底宜上向，將蘇皮魚膠縛定，龍腹内火箭藥線由龍頭引出，分開兩處，用油紙固好，裝釘通連於火箭筒底上，龍尾下兩邊亦用火箭筒二箇，一樣裝縛，其四筒藥線總會一處，捻纒，水戰可離水三四尺燃火，即飛水面二三里去遠，如火龍出於江面，筒藥將完，腹内火箭飛出，人船俱焚，水陸並用

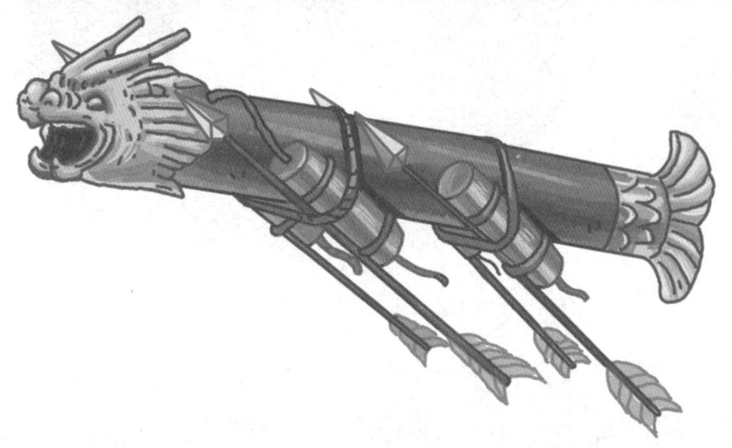

《武备志》中的“火龙出水”及复原模型

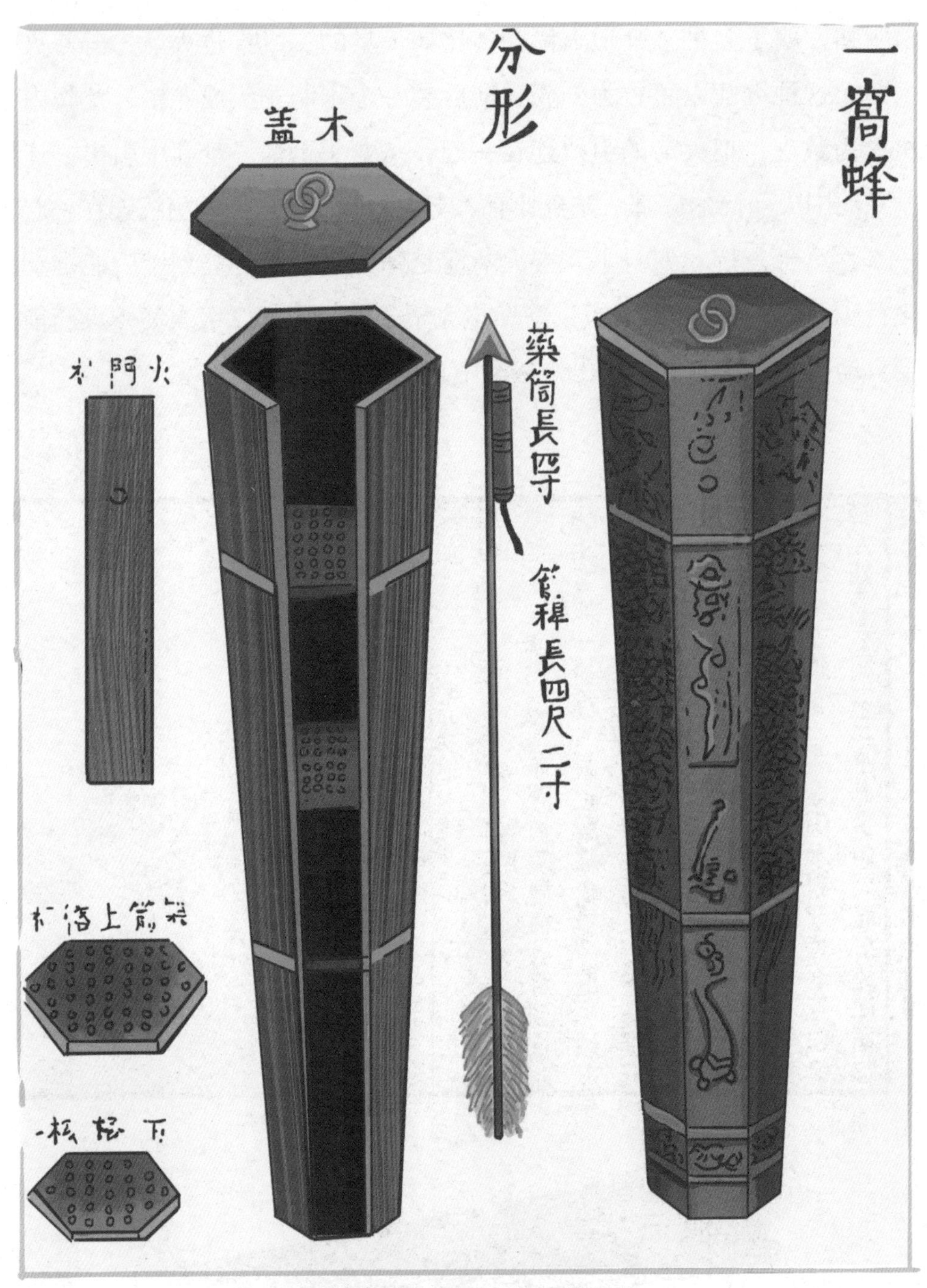

《武备志》中的“一窝蜂”

在水战中大量使用的火箭除“火龙出水”外，还有一种集束火箭——“一窝蜂”。“一窝蜂”通常是在一个特制的木筒外壳中放置32支火药箭，用一根总引线连接所有的火药箭，使用时只要点燃总引线，就可以使众箭齐发，发射距离可达300步，能大面积杀伤敌人。

无论是“火龙出水”还是“一窝蜂”，都属于联排火箭。这类武器中，火力打击范围最大的当属一种多车联发的火箭车，官方名称叫作“神火万全铁围营式”火箭车。这种装置由几十台木车组成，每台车负几百支火药箭，火药箭的引线连在一起，一旦点燃，可以万箭齐发。车上火药箭的射程在150米至500米不等，可以对中远距离的敌军造成极大伤害。

“神火万全铁围营式”火箭车

火箭车是中国历史甚至世界历史上，最早实施覆盖打击火力的火器。火药箭内的火药分为推进药剂和爆炸药剂两部分，可在敌军中箭后二次杀伤敌军，威力巨大。

《武备志》中的神火箭屏

单支火药箭在明朝又叫“神机箭”，把多支火药箭并联装入木箱，一次性燃放的装置就是神火箭屏。明朝曾将类似的武器提供给藩属国。

小剧场：有名的古代陶瓷

这段时间咱们看过很多古代陶瓷，你们印象最深的是哪个呢？

当然是唐三彩啊。那些唐三彩的镇墓兽，可把我吓坏了！
我最喜欢的是南宋的瓷器，那种黑色带蓝斑的茶杯真是太好看了！
大家提到的瓷器都很有特色呢。
那么明朝有没有什么新的瓷器出现呢？

当然有啊！不过给你们介绍之前，我们先复习一下瓷器的知识吧——你们记得青花和釉里红是什么时候出现的吗？
当然记得，是元朝！

那个卖了 2 亿多元的罐子，可是这一辈子都忘不掉呢。
鬼谷下山人物罐 元代
嘿嘿，那今天再给你们介绍一个价值连城的宝贝瓷器——

这个明代鸡缸杯的真品，在 2014 年拍卖出了 2.8 亿元的价格哦！
啊！
鸡缸杯采用的釉色叫斗彩，正是明朝创烧的新工艺。

制瓷业发展的新高峰

制瓷业一直是中华民族的优势产业，几乎每个朝代都会创烧出新类型的精美瓷器。元朝时，烧瓷技术提升，景德镇的窑厂创烧出了两种高温釉下彩瓷器，这就是大名鼎鼎的青花和釉里红。所谓釉下彩，就是先用颜料描画图案，再施一层釉料，用1200—1400℃的高温烧制，这种技术和元以前的低温瓷工艺相比，无疑难度更大，但烧出的瓷器更结实，颜色更稳定。明王朝建立以后，很重视工艺产业，青花和釉里红的烧造技术进一步提高。郑和下西洋后，从阿拉伯地区带回了一批苏麻离青釉料，专门用在官窑青花的烧造上，使明青花中诞生了很多精品。

明洪武釉里红缠枝牡丹纹执壶

釉里红是一种高温釉下彩，烧造难度很大，但明朝时工艺已日趋成熟。釉里红缠枝牡丹纹执壶，造型优雅、线条流畅，展现出明代陶瓷工艺的精湛技艺。

明洪武青花缠枝牡丹纹碗

明早期的青花使用的釉料有国产和进口两种，官窑使用的是进口釉料，可以出现如墨水似的深蓝色图案，看起来更加高雅和深邃。此碗造型浑圆饱满，气势雄伟。

五彩瓷的历史可以追溯到北宋，当时的匠人以红、黄、绿、蓝、紫五色彩料在汝窑白瓷上描画图案，一改早期瓷器釉色单一的局面。五彩是一种釉上彩，需要将瓷胎施釉烧好后，再描画图案并再进炉，以700—800℃的温度烧制。明宣德年间，窑厂匠人们将釉下彩和釉上彩的工艺结合起来，成功创烧出了更精美的斗彩。斗彩工艺是先施釉下彩，用高温烧出图案线条，再施釉上彩填充画面并进行二次烧造（低温烧造），这样烧出的瓷器既保持了青花幽静雅致的特色，又增加了丰富的色彩。

明斗彩是专为宫廷御用烧制的一种精美细瓷，瓷器形体上玲珑隽秀，色彩清雅富丽，同时每件器物都附有遒（qiú）劲有力的朝代款识，为官窑中的上品。明斗彩瓷器中的精品当属成化年间的鸡缸杯。

明成化鸡缸杯

明成化斗彩团莲纹高足杯

鸡缸杯直径约8厘米，敞口，浅腹，卧足。因杯身绘有啄米、育雏的鸡图案而得名。

明朝新瓷器大多创烧于宣德年间，因为宣宗文艺修养很高，经常对官窑瓷器进行建议和指导，所以这一时期新瓷器发明很多，被称为中国陶瓷史上的黄金十年。明宣德瓷器除大量青花外，还有青花填黄、青花填红、矾红釉、娇黄釉、宝石红釉、紫金釉等。青花填黄或红的技术与斗彩类似，只是第二次上色时不用五彩，而用单一颜色，突出了青花和另一种颜色的对比。矾红釉、娇黄釉、宝石红釉等都是低温釉，但由于颜料纯正，上色技法新进，所以烧出的瓷器颜色明亮，光亮如镜。

明宣德青花描红花卉纹高足杯

明宣德蓝底白花缠枝花卉大盘

盘内为花果图案，外壁饰莲花一周。白彩浓重，与蓝釉相互辉映，鲜艳夺目。釉水滋润肥厚，釉面有橘皮纹，盘口边沿有一圈“灯草口”。

明宣德宝石红釉盘

明宣德以前的红釉为鲜艳的正红色，至宣德年间红釉的类型丰富起来，出现了宝石红、祭红、鸡血红等多个细分种类。其中宝石红犹如初凝之牛血，跟红宝石的颜色类似，因此得名。

明宣德娇黄釉盘

娇黄釉是创烧于明宣德时期的一种低温黄釉，因呈色淡而娇艳，釉面肥润莹亮而得名。

明宣德青花萱草纹填黄盘

盘子使用的青花填黄技法，是由永乐年间高温酱彩填绿技法演变而来，也是宣德年间创烧的一种全新上色技法。

华美的织物

南京云锦是东吴时期出现的织物。在明代以前，云锦一直是皇室专用的特供品，但到了明代，织锦技术趋于成熟，产量也达到相当规模，云锦开始流入民间，并且得到更大发展。云锦可分为妆花、库缎、库锦等几类，其中库缎又包含妆金库缎，即在单位纹样里对局部的花纹用金线进行装饰，使整个织物看起来富贵华丽。

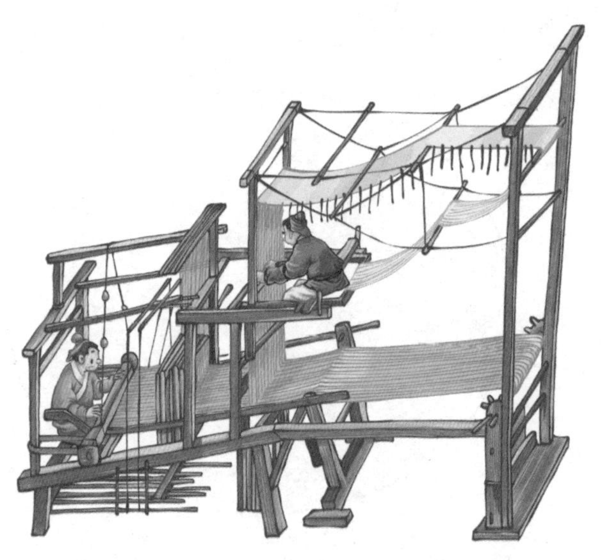

明代花楼提花织机

明代工匠用花楼提花织机织造锦缎。在操作的时候，一个人坐在花楼上，另外一个人在下边操作，如此可以制作尺幅很大的布料。

明织金寿字龙云肩通袖龙襕妆花缎衬褶袍复原图

用金装饰丝织物是南京云锦的一个重要特征。明朝的南京织锦质地厚、花头大、配色对比强烈，织造工艺日趋成熟，形成了“挖花妆彩”的特色。图中褶袍是根据明定陵出土的实物复制，体现了南京云锦妆花的工艺特点。

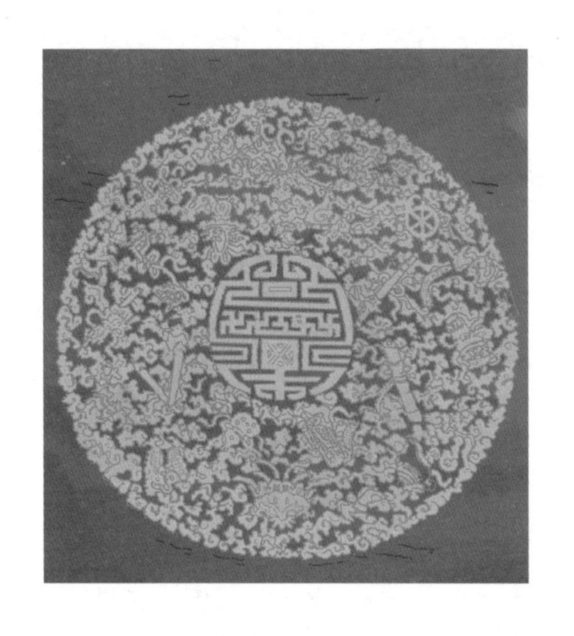

八宝八仙团寿纹妆金库缎

到了清代，库缎成为皇室贡品。清代妆金库缎的纹样多是“五福捧寿”“八仙庆寿”“二龙捧寿”等固定样式，纹样用金线织造，看起来富丽堂皇。

当然，明朝时流行的华美面料不止云锦一种，还有杭缎和潞绸等新品种。杭缎是以杭州为中心生产的锦缎，潞绸是以山西为中心生产的绸缎，这两种面料再加上四川出产的蜀锦，就构成了明朝三大名绸。明朝中晚期，资本主义开始萌芽，商业得到进一步发展，以云锦和三大绸为代表的纺织品不仅在国内很畅销，还远销海外。

山西织染局

明王朝在山西设织染局，专门管理进贡给朝廷的潞绸。潞安州每年为朝廷进贡上万匹潞绸，仅次于江浙两地。

在元朝，棉花种植和棉布织造技术已逐步成熟。明王朝建立以后，明太祖朱元璋下令在全国范围推广棉花，使棉纺行业得到了进一步发展。元朝的轧棉绞车需要 3—4 个人操作，而明朝时轧棉机械升级，只需要 1 个人操作，轧棉效率达到了元朝时的 4 倍。纺线织布时，明朝工匠普遍采用高速运转的脚踏纺车和新型罗织机，使织布效率进一步提高。规模化生产不仅提高了棉布的产量，还让棉布的价格降了下来，这样，百姓也能负担得起了。由于棉布透气，保暖性也好，所以不光受到了百姓的欢迎，王公贵族也很爱用。考古学家就曾在鲁荒王朱檀等王爷的墓穴中，发现了大量棉织物。

明朝中后期，棉布大量出口到菲律宾等地，甚至远销墨西哥、秘鲁等美洲国家。

明王朝从建立之初就大力推动棉纺行业发展，当时的东南地区出现了大量“机工”和“机户”，他们就是纺织作坊的前身。

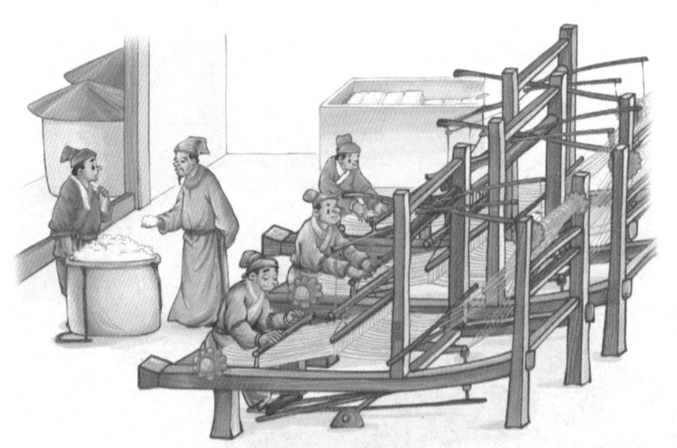

明朝的棉布作坊

明朝棉布内衣

2012 年，无锡市文化遗产保护和考古研究所在挖掘明代无锡望族钱氏的墓穴时，在墓中找到了这件棉布内衣，说明棉布衣物在当时各个社会阶层中都很流行。

明朝也有疫苗

天花曾是一种非常可怕的恶性传染病，没有特效药，感染者的死亡率高达 90% 以上。中国关于天花的记载最早出现在元朝。当时医生们虽然没有研制出治疗天花的药，却发现了一种奇怪的现象——那些得了天花却侥幸存活的人，身体会逐渐恢复健康，即便仍身处在疫区，却不会再得这种病。我们现在知道了这是因为病愈的人身体中产生了抗体，对天花病毒免疫了。明朝的医生虽然没有“抗体”这个概念，但也根据这种现象，发明了预防天花的办法——接种疫苗。疫苗的原理，是让人提前接触微量病毒，激发人体产生抗体，有了抗体的人不易再被病毒感染。

我们现代人接种疫苗，大部分都是通过针管注射。明朝时还没有针管，那人们是怎么接种疫苗的呢？主要通过痘衣法、痘浆法、旱苗法、水苗法四种方法。

小知识

痘衣法是把天花患者的贴身衣物给未患病的人穿；痘浆法是把患者的天花痘刺破，用棉花粘上痘浆后塞进健康人的鼻孔里。不过这两种接种方法并没有被广泛推广。

痘衣法

各种接种法中，较常用的是旱苗法和水苗法。旱苗法是待患者的天花疮疤结痂，然后把痘痂磨成粉末，放进一根中空的管里边，对准接种者的鼻孔把粉末吹进鼻腔。一般接种后会发烧 7 天，然后接种者就可以获得天花抗体。水苗法是取天花病人的痘痂磨成粉末，加水调和，用棉花蘸取塞进接种者鼻孔里。这两种方法接种成功率高，基本上可以达到预防天花病的目的。

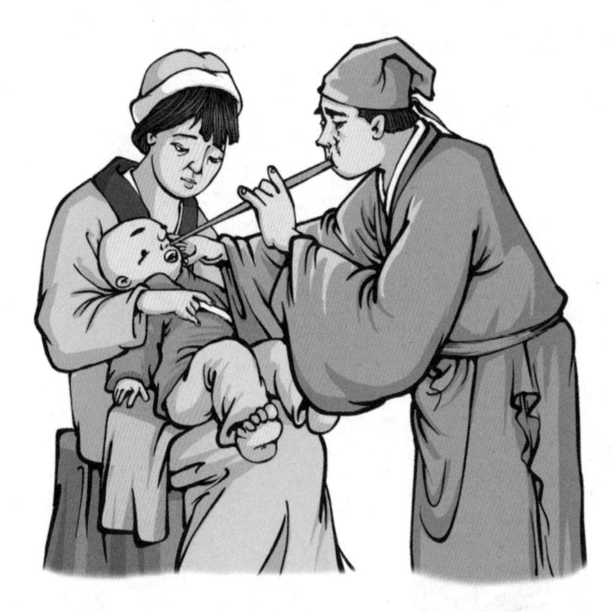

旱苗法

旱苗法使用率高，但存在缺陷，就是痂粉对鼻黏膜刺激明显，可能使接种者鼻涕增多反而冲走了疫苗。

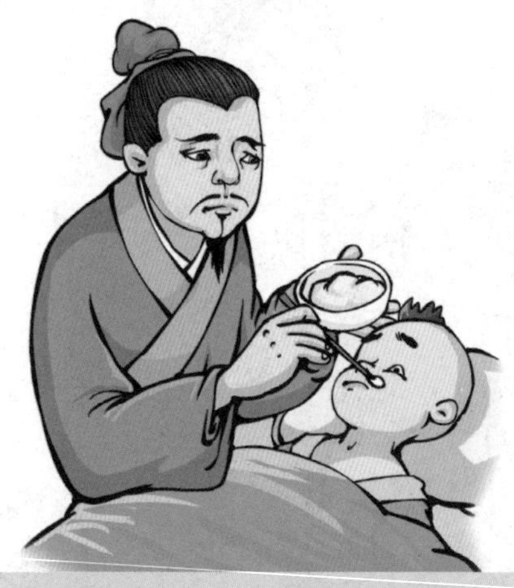

水苗法

水苗法接种成功率高，无太大痛苦，因此得到了广泛应用。接种后如果开始发烧，且 7 天后痊愈就说明接种成功了。

李时珍与《本草纲目》

明朝时，中国出现了一本伟大的医药学典籍《本草纲目》，这不仅是一本药学著作，更是一部记载了植物学、动物学、矿物学、冶金学等科学知识的百科全书。这本书除了记载大量中草药的药性、功效、用法以外，更收载了很多外国传入的有药用价值的植物、矿物、动物的知识。这本书不仅对明清社会产生了重要影响，还传到海外，英国著名生物学家达尔文就曾多次引用《本草纲目》的内容，并称之为“中国古代百科全书”，20 世纪的英国科学家李约瑟也称赞李时珍为“药物学界中之王子”。

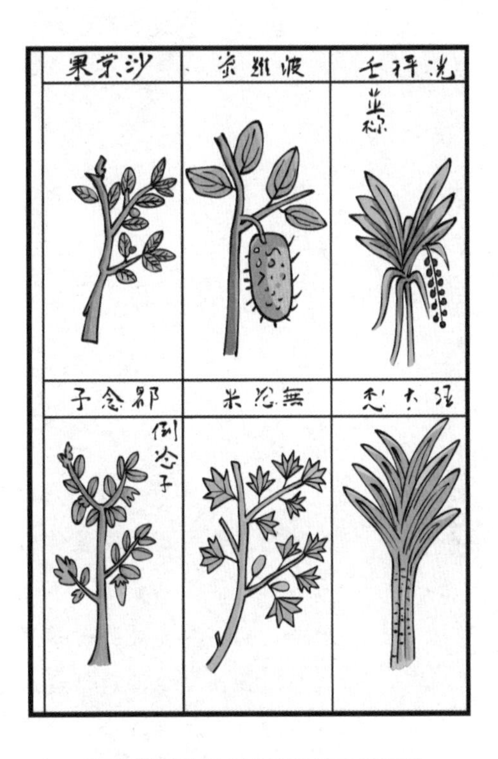

《本草纲目》中的插图

《本草纲目》中有大量插图，描画了草药植物的形态，并讲解了其药性和使用方法，既浅显易懂又生动翔实。

李时珍像

李时珍出身于医学世家，他的祖父和父亲都是名医。李时珍长大后跟随父亲学习医术，他通过长期行医和实践探索，编写出了医药学著作《本草纲目》。

后记

华夏五千年的历史源远流长，各种重要的科技成就层出不穷，为人类文明的发展作出了不可磨灭的卓越贡献，这是我们每一位中国人的骄傲。不过，我国虽然历来有著史的传统，但对专门的科技发展史却着墨不多。近现代，英国科技史专家李约瑟所著的《中国科学技术史》是一部有影响力的学术著作，书中有着这样的盛赞："中国文明在科学技术史上曾起过从来没有被认识到的巨大作用。"

不过，像《中国科学技术史》这样的科技史学著作篇幅浩瀚，囊括数学、天文、地理、生物等各个领域。如何把宏大的科技史用浅显的语言讲述给孩子们，是我一直思考的问题。让儿童也了解我国的科技史，进而对科技产生兴趣，对华夏文明产生强烈的自豪感，那真是意义非凡。

经过长时间的积累和创作，这套专门给少年儿童阅读的中国科技史——《科技史里看中国》诞生了。希望这套书的问世能填补青少年科技史类读物的空白。这套书图文并茂，故事性强，符合儿童的心理特点，以朝代为线索将科技史串联起来，有利于孩子了解历史进程。

希望《科技史里看中国》能够带孩子们纵览科技史，从历史中汲取智慧和力量，提升孩子们的创造力和科学素养。